PERISPÍRITO

Além da Fronteira do Corpo

Uma ponte entre
Filosofia, Ciência e Espiritualidade

aspecto
FILOSÓFICO

Parte da receita proveniente da venda desta publicação será destinada à ONG Alexandre Marcelino, de Canoas/RS - Brasil responsável pelo projeto Comida na Rua, assim como, outros projetos sociais definidos pela Bennu Productions LLC.

JOSÉ AUGUSTO CASTRO CHAGAS
PERISPÍRITO
Além
da Fronteira
do Corpo

2ª edição - junho de 2022

edição
Robertha Figueiredo

revisão e contribuições
Paula Parc e Antonio Luis Migliavacca Filho

projeto gráfico e diagramação
MQT Prospera Treinamentos e Serviços Ltda.

impressão e acabamento
Prospera Books

DADOS INTERNACIONAIS DE CATÁLOGO NA PUBLICAÇÃO (CIP)

C978o Chagas, José Augusto Castro
Perispírito - Além da fronteira do corpo / José Augusto Castro Chagas;
Brasília: MQT Prospera, 2022.
92 p.

ISBN 978-1-7374686-1-5

1. Filosofia. 2. Espiritismo. 3. Perispírito. I. Título

CDD - 100
CDU - 13

Índices para Catálogo Sistemático
1. Filosofia: Espiritismo 133.9

SUMÁRIO

AGRADECIMENTOS

Em processo de transição planetária, como nos afirmam espiritualistas de diversas partes do mundo, surge o convite para elevarmos nossos níveis de consciência para além de nossa existência corporal, não importando qual a religião ou crenças que nos identificamos ou professamos.

Tal convite não se trata de esquecermos onde estamos inseridos ou ignorar problemas e dificuldades em nossa trajetória terrena e ao nosso redor, mas sim um profundo processo de autoconhecimento – e principalmente, a ampliação gradativa de nossa conexão com o "divino" que existe em cada um de nós.

Com profunda gratidão, agradeço à minha esposa Paula pelo árduo e intenso trabalho de revisão, e especialmente, pelas contribuições que enriqueceram os temas abordados.

Agradeço ao amigo Antônio por sua paciente parceria nos encontros semanais, lendo, relendo e também contribuindo para o texto final.

Finalmente, agradeço aos amigos Cesar, Igor e Daiana pela dedicação em avaliar o texto e apresentar seus comentários.

Gratidão a todos.

José Augusto Castro Chagas

De onde viemos?
Para onde vamos?

Perguntas eternas que residem no consciente individual e coletivo, e demonstram que o ser humano já filosofava sobre sua existência física e o fim dela. Se por medo do desconhecido, ou por não poder conter e controlar algo que fugia à natureza humana - a morte, o homem naturalmente foi se desenvolvendo, saindo de um estado primitivo para um mundo moderno; buscando cada vez mais a resolução de problemas físicos, bem como o prolongamento de uma existência.

Na atualidade dispomos do avanço da Ciência, da tecnologia, de incremento nas diferenças religiosas, de liberdade para pensar e resolver problemas porém as "perguntas eternas" continuam sendo nosso maior questionamento e nosso maior desafio.

FELIZ daquele que encontra em alguma filosofia de vida, um consolo e esperança para seguir sua jornada terrestre, avançando em conhecimento, se abrindo a novos valores à medida que surgem, e entendendo que a vida não se finda com a morte do corpo físico.

Paula Parc

Ao escrever sobre o perispírito, José Augusto nos traz conteúdos de diversos autores de diferentes setores da Ciência, da Filosofia e da espiritualidade, buscando nos ajudar a perceber a total conexão entre os dois planos da existência do ser.

O livro nos convida a resgatar o que a Ciência materialista nos fez perder ao longo dos anos, por não aceitar o que não pode ser explicado através dos padrões atuais, aprofundando nosso conhecimento na tentativa de buscar respostas a questionamentos que ainda não atendem à nossa compreensão, quando analisados somente na perspectiva do mundo físico. Chegou o tempo de assumir a ligação entre o plano físico e o plano espiritual, onde o perispírito é elo de ligação fundamental na completude do ser em permanente evolução.

O autor, ao analisar o homem, de maneira integral, considerando também, o espírito imortal, instiga o leitor a compreender, assimilar e evoluir com os desafios e dificuldades que passamos durante nossa existência na Terra.

Agradeço a oportunidade de participar, mesmo que de forma singela, dessa obra que aborda um assunto tão relevante e, ainda, pouco explorado. Convido a todos a essa leitura edificante, e desejo que esses ensinamentos sejam impulso e motivação na caminhada evolutiva de cada um.

Antonio Luis Migliavacca Filho

Esta obra, além de trazer conhecimentos e ajudar a expandir um pouco mais a consciência de quem busca esse tipo de leitura, eu chamaria de um livro vivo. José Augusto é um amigo muito querido que tive o prazer de conhecer. Junto com sua esposa Paula, que é uma mulher admirável, tive a chance de aprender muito e me inspirar com suas histórias de vida. O amor pelo filho Pedro, e a vivência de uma filosofia de vida sentida na prática, faz esse livro trazer uma mensagem muito especial de esperança, fé e resiliência.

Eu e meu marido os conhecemos em um momento muito vulnerável, e fomos acolhidos com tanto carinho, tanto amor e paciência... Muita paciência! Às vezes eu chegava a pensar que a vida deles era perfeita e que nunca haviam chorado porque transmitem muita força e alegria. Então, quando soube que entre dificuldades cotidianas de qualquer pessoa encarnada no planeta Terra, eles viveram uma das dores mais dilacerantes que um pai e uma mãe de verdade podem sentir, passei a admirá-los ainda mais. Eles transformaram a dor e sofrimento em combustível para tocar o coração de outras pessoas, levar consolo, alegria e esperança.

Tal atitude faz com que este livro seja uma mensagem viva, algo sentido na pele, anos de dedicação, estudo teórico e prático, e um presente para quem puder compreender. Na minha vida, a mensagem do livro e a amizade que construímos foi um divisor de águas muito especial para mim.

Daiana Vilas Boas

Em 2014, minha esposa Daiana e eu, passávamos por um período de muitas dúvidas, incertezas e questionamentos em relação a espiritualidade. Em meados desse mesmo ano, em busca de respostas e oportunidades de aprendizagem, tivemos a felicidade de conhecer nosso querido amigo José Augusto; que nesta oportunidade nos recebeu com um largo sorriso e de braços abertos em um Centro Espírita localizado em Miami, FL. Durante 3 anos e meio de convivência quase que diária, entre estudos, aulas, palestras e atividades sociais, tivemos a oportunidade de nos conhecermos melhor, aproximando cada vez mais a relação de nossas famílias.

Esse livro sintetiza parte de seu profundo conhecimento da teoria e doutrina espírita aplicados na prática, em suas vivências pessoais como ser humano, homem e pai de família. Experiências e situações consideradas por muitos como dificílimas, mas vividas com muita dedicação, entrega, companheirismo e amor.

Tenho certeza de que essa obra proporcionará ao leitor uma ótima oportunidade de aprendizado e reflexão, e, assim como eu, você também irá expandir sua visão e entendimento sobre a vida e as oportunidades diárias que nos são proporcionadas de crescimento e desenvolvimento.

Igor Vilas Boas

Em toda a história da humanidade nunca se teve tanta necessidade e urgência de uma visão espiritual da vida e do existir. Espiritual entendido como abertura para o sagrado, o divino e o transcendente. É extrema a necessidade de um novo modelo de pensamento que nos aproxime uns dos outros, nos irmane, e nos auxilie a viver de forma mais fraterna, amorosa e solidária com toda a vida neste planeta.

É também urgente uma visão da consciência que restaure a noção de que vida e morte são apenas fases do mesmo processo que preexiste e que continua para além das fronteiras da matéria. Estamos sedentos e famintos desse alimento sagrado, embora muitos nem o percebam.

José Augusto conseguiu sintetizar, neste livro, com sensibilidade e maestria, importantes conceitos e proposições que nos convidam a esse novo olhar. Ele nos diz:

"Autoconhecimento e autotransformação são as primeiras etapas para que o indivíduo rompa as barreiras que limitam a consciência."

E o presente ensaio nos ajuda a romper essas barreiras e a divisar um vasto horizonte onde há muito espaço para a esperança e a paz, individual e coletiva. Convido a todos a essa leitura rica e transformadora!

César Geremia

PREFÁCIO

O ano era 2003, e mais um dia de rotina no vai-e-vem de hospital junto com minha esposa e meu filho. Cada dia vivido, era uma etapa que se cumpria, a cada período que passávamos no hospital, maiores eram as dúvidas e questionamentos. A única certeza que brotava em minha frente era se eu estava preparado para lidar com a morte de qualquer ser, e esta realidade se tornava ainda mais difícil, porque se tratava de uma criança - meu filho.

Ver a dor de um filho e sua luta diária para permanecer vivo, muitas vezes me fez querer estar no lugar dele; de amenizar seu sofrimento... de poder curá-lo.

Que cura eu pensava ser possível?
O que especificamente eu estava desejando?

Relembrando parte da nossa história...

Em agosto de 1993, minha esposa e eu, fizemos uma entrevista de adoção e fomos perguntados sobre diversas situações e doenças que aceitaríamos na criança que surgisse para nós. Uma delas era se aceitávamos uma criança com AIDS (algo novo naquela época). Minha esposa imediatamente respondeu que não haveria problema, pois, mesmos os filhos biológicos não vêm com certificado de garantia de saúde perfeita. Após titubear por alguns momentos, e pensando que esta seria uma possibilidade remota, eu também concordei.

Aquela entrevista teve um aspecto simbólico, como de uma gestação, pois 9 meses mais tarde recebemos a notícia de que havia uma criança encaminhada para adoção, com "certo" problema de saúde. Paula, minha esposa, foi vê-lo de imediato, pois ela já trazia a certeza interna de acolhimento, independentemente de qualquer situação que se apresentasse naquela adoção.

A certeza de minha esposa foi muito importante para dar-me confiança e lutar contra o medo e todas as preocupações que estariam nesta trajetória. Levei dois dias para que as dúvidas se dissipassem em minha mente e em meu coração, e ao fim de 48 horas eu concordei. Me entreguei àquela responsabilidade paternal para a qual eu era convidado.

Pedro Henrique nasceu no dia 23 de setembro de 1993, praticamente um mês após nossa entrevista para adoção, chegando aos nossos braços no dia 20 de maio de 1994. Se grande foi sua luta em apenas 10 anos de vida, intensa foi nossa vivência e profundo nosso aprendizado.

Nesta época, eu já trazia a certeza na existência da realidade espiritual e na continuidade da vida do Espírito após a morte física, fatores fundamentais para me manter com fé naquela vida que agonizava sob nossa tutela, mas nunca suficiente para não viver os medos e tristezas que qualquer doença e morte trazem à tona.

Fui criado e educado pelos meus familiares, dentro do

Catolicismo, e aos 20 anos de idade, quando vivia minha primeira perda mais próxima - a morte de meu avô, ganhei três livros espíritas que me introduziram a ideia de vida após a morte, ajudando-me a entender um pouquinho sobre a imortalidade do Espírito.

Paradoxalmente, eu percebia toda a dor vivenciada pela minha família, e muitas vezes não compreendida; tinham a religião em seus preceitos diários, mas também sentiam grande dificuldade em aceitar àquele fato, ainda mais tratando-se de uma pessoa mais velha, que já havia vivido quase 80 anos.

Depois deste primeiro enfrentamento com a morte de um ente querido, outras sucederam ... era a lei natural da vida se tornando realidade a um jovem. Aquele ensinamento e a crença na realidade espiritual, trazida por aqueles livros, se tornaram um bálsamo para muitos outros momentos difíceis posteriores.

Alguns anos mais tarde, tomei conhecimento da mediunidade, de uma maneira inesperada e com uma pessoa muito próxima, mas ainda não era o suficiente para que eu buscasse maiores conhecimentos das coisas que fugiam do conhecimento da Ciência ou da Religião.

Já com 32 anos, e casado com Paula, me deparei com uma situação muito difícil, pois Paula começou a apresentar muitos sintomas físicos de alguma doença, mas os médicos não descobriam do que se tratava. Na incógnita do desconhecido buscamos auxílio espiritual com uns amigos, e Paula se curou sem que os médicos pudessem explicá-lo. Este fato me fez buscar mais conhecimento sobre as coisas do Espírito em livros considerados não científicos ou religiosos, pois a Ciência e a Religião que eu conhecia, não me podiam explicar. E assim, começaram meus estudos sobre as evidências de uma realidade que jazia além das fronteiras do corpo físico.

Retornando à chegada de Pedro Henrique em nossas vidas; suas condições de saúde estavam muito comprometidas por um vírus que não se sabia muito, ainda menos em crianças. Um dos médicos que o atendeu prognosticou que ele não chegaria ao seu primeiro ano de vida e, com muito boa intenção, sugeriu que deveríamos desistir da adoção. Paula, com sua fé de mãe, prontamente lhe respondeu:

- *"Obrigada doutor, mas não é o senhor quem decide quando ele vai morrer."*

E assim aconteceu. Não só chegou seu primeiro aniversário, como mais 9 outros aniversários. Todos vividos intensamente.

Neste processo, de viver um dia de cada vez, e sendo feliz com o que podíamos, fomos aprendendo que enfrentar a separação seria inevitável. Como qualquer pai, eu também tinha meus desejos de "vida longa" àquele filho e, apesar de estar imerso nos estudos sobre a vida espiritual, eu secretamente esperava um "milagre", de maneira que ele pudesse aproveitar a vida da melhor forma possível. Contraditoriamente, em outros momentos, percebendo sua fragilidade e sua dor, eu ansiava por sua "libertação", por algo que o livrasse de todos os tormentos físicos.

Por 10 anos a rotina de hospitais passou a fazer parte de nossas vidas e em março de 2003 sua doença se tornou ainda mais desafiadora. Recorríamos a médicos diferentes numa tentativa de prolongar cada vez mais sua vida. Em muitos momentos qualquer tratamento parecia um suplício para aquele corpo tão fragilizado desde seu nascimento.

Lutar com Pedro, e por sua sobrevivência, era um desafio. Nos surpreendia sua consciência, força e garra para viver. Após longos 9 meses, indo e voltando ao hospital, no dia 08 de dezembro de 2003, ao me despedir de meu filho, ele me disse:

- Pai, vai com Deus. Eu antes pensei em dizer vai para o inferno, mas Deus veio para mim e disse: "Pedro, muda o disco!"

E então, completou:
- Pai, para o bem eu digo sim, para o mal eu digo não.

Esta foi a última vez que ouvi sua voz. Ao retornar para casa, pensei que o ciclo dele havia se completado; 12 horas passaram para que terminasse, sua vivência terrenal.

Em 1993, ao fazer a entrevista para adoção, e até sua chegada aos nossos braços, passaram nove meses. Praticamente uma gestação. E mais uma vez eu me deparava com nove meses no fim de sua vida. Sentia que uma gravidez ao contrário havia ocorrido.

Bastante compreensível entender a dor que meu filho sentia e toda insatisfação por estar em uma cama de hospital por longos meses, me parecendo natural revoltar-se contra tudo e todos, e em especial contra mim naquele momento, pois eu podia ir para casa. Mas ele dizer que "Deus o havia dito para mudar o disco" me fazia compreender que nas questões de vida e morte de uma consciência, a Ciência e as Religiões também sabiam muito pouco.

Vivi a realidade de separação de meu filho Pedro quando ele estava com 10 anos de idade e se "morte" é um assunto difícil, morte na infância é tema doloroso. A morte de um filho é a pior dor que podemos sentir. Experienciei com a morte dele, que ninguém está preparado para este momento. Nem profissionais de saúde. Nem educadores. Menos ainda familiares, e amigos.

Se uma enfermidade incurável, ocasionou o esgotamento completo de suas energias físicas, a vivência com ele não se apagava naquele momento. Tudo que havíamos aprendido e ensinado a ele sobre viver e morrer, ele compartilhou naquelas últimas palavras que me proferiu na hora que ele de mim se despediu. Imediatamente eu entendi que ele havia assimilado a ideia de um "sim para o bem e um não para o mal".

Em minhas convicções, eu acredito, no mais íntimo de meu coração, que naquele momento uma grande porta se abriu para ele, em sua jornada evolutiva e como um Espírito Imortal.

A separação de Pedro, representada por sua morte física, talvez tenha sido meu maior desafio nesta existência. Eu pensava que aceitar a vida espiritual fosse suficiente para entender a morte e aceitá-la dignamente, mas hoje percebo que inconscientemente eu mergulhei no trabalho como forma de aliviar a dor da falta que ele fazia. Apesar de tanta dor vivida, sou sempre grato por ter vivido esta paternidade e pelo crescimento que a vivência com ele, e sua realidade, me trouxeram.

Fomos educados a buscar a cura das enfermidades como se fossemos a um mecânico para consertar nosso carro. Em geral, colocamos toda a responsabilidade nos médicos e profissionais de saúde, que são treinados para salvar a vida consertando corpos dentro de uma limitada visão materialista. Essa é uma ideia generalizada, e com certeza existem exceções.

Nesta luta pela vida de Pedro, tive a oportunidade de conhecer algumas pessoas que foram especiais para ele e que ainda hoje são parte de nossas vidas. Uma delas, foi um amigo que chegou em forma de médico, Dr. Cesar Geremia chegou no momento mais crítico que estávamos vivendo com Pedro - a fase terminal.

Eu o havia conhecido em um grupo de estudos sobre espiritualidade, e logo de início uma afinidade se estabeleceu entre nós. Conversei com minha esposa e decidimos convidá-lo para ser nosso "apoio médico" entre todas as diferentes especialidades envolvidas no tratamento do Pedro. Resgatávamos ali a antiga ideia de médico de família, que nos auxiliava com seu conhecimento, aportando carinho e respeito pelo ser que sucumbia diante daquela doença imbatível.

Anos se passaram e nossa amizade continuou. Não tenho dúvida nenhuma que aquela experiência com Pedro, foi para ele também um grande desafio, pois era a primeira criança com AIDS confiada aos seus conhecimentos. O esforço deste médico-amigo, conquistou uma gratidão eterna em meu coração, e sua amizade se tornou um carinho de irmão.

Nunca neguei a dor que aquela separação causou, mas a certeza sobre a continuidade da vida foi meu grande suporte para enfrentar aquele momento.

Se somos imortais, não vivemos com vista a essa imortalidade, pois pensando em morte, automaticamente nos vem a ideia de separação. Embora real do ponto de vista físico, a morte ainda pode ser considerada um estado transitório e temporário.

Assim, o projeto Perispírito - Além da Fronteira do Corpo, envolve uma trilogia dos aspectos filosófico, científico e espiritual baseados em minhas observações, questionamentos, vivências, experiências e aprendizados.

Como engenheiro mecânico, fui condicionado a pensar de maneira exata; analisando, projetando, construindo e operando sistemas. Entretanto, ao analisar um corpo humano com uma mente consciente, não posso usar todos os ensinamentos aprendidos academicamente. Necessitei ir mais além de meu conhecimento e buscar respostas em muitos livros, com estudiosos sobre o assunto e nas mais diversas áreas, para começar a entender a essência energética que dispõe o ser humano. E nesta busca para entender que o ser é mais que um corpo físico e mais que uma alma atrelada a uma matéria temporária, que me motivo a compartilhar minha experiência pessoal, bem como o resultado de anos de estudos para criar uma pequena ponte de entendimento e apresentar minha visão ampliada de realidade.

Nesta primeira parte, falarei do aspecto filosófico da relação corpo e alma, apresentando reflexões e estudos de outros pesquisadores. O material aqui reunido tem por objetivo fazer-nos refletir sobre corpo e alma, vida e morte, enfermidades físicas e emocionais, relações entre mente e saúde, sobrevivência da consciência e identidade espiritual, não mais como coisas isoladas, mas como um compêndio único dentro de cada ser.

E assim, dedico estas páginas a todos que participaram em meu processo de crescimento, em especial ao meu filho Pedro que me fez indagar mais as questões de vida e saúde, doença e morte, e a todos os profissionais das diversas áreas que estiveram envolvidos para que hoje eu aqui chegasse.

Miami Beach, 23 de setembro de 2021.

CAPÍTULO 1
Um mundo em transição

Vivemos em um planeta que está em constantes mudanças sociais, climáticas, políticas e econômicas, onde espiritualistas afirmam estar em "transição", necessitando que o ser humano amplie o conceito de espiritualidade e vá mais além que o modelo materialista reinante nos últimos 300 anos.

Durante a Antiguidade, o conceito de alma era parte das discussões e elaborações filosóficas, bem como o conceito de imortalidade.

João Francisco Pereira Cabral (1980), Doutor em História da Filosofia na Unicamp (2019) e Professor Adjunto da Universidade Federal de Tocantins, no texto "Imortalidade da alma em Platão" (1) apresenta um estudo que nos diz o seguinte:

> *"A palavra grega psykhé é o termo usado por muitos escritores da Antiguidade para o entendimento do que viríamos a chamar na língua latina de anima ou alma. Desde Homero, ela ganha contornos de fumaça, sombra, um aspecto menos denso daquilo que é o corpo. A própria Filosofia, com Anaxímenes, entende que a alma é um sopro, uma espécie de ar em movimento e que move as coisas corpóreas, refrigerando-as e mantendo-as em movimento (basta notar que o cadáver não respira, por isso o corpo morre ou fica em repouso).*

> *É através da alma que o homem conhece, segundo Platão. O corpo e as sensações explicam "como" são as coisas. A alma e a inteligência explicam "o que" são as coisas. É por isso que a alma é esse trânsito entre os dois mundos, inteligível e sensível, ainda que suas características sejam dadas pelo mundo inteligível. A alma tem de se assemelhar àquilo que ela busca ou aspira: as ideias. E ainda que encarnada em um corpo, a morte refere-se somente a essa parte material, divisível, múltipla, instável. A alma como unidade não se dissolve, mas busca, segundo os mitos escatológicos que Platão narra, o aperfeiçoamento a partir de uma série de ciclos reencarnatórios. A expiação se dá pelas faltas cometidas em vidas passadas que a alma guarda na memória e ao contemplar o inteligível faz sua escolha da vida que quer viver. Então, põe-se novamente em movimento para realizar sua trajetória, mas o corpo torna-se um obstáculo e a faz esquecer parcialmente o que contemplou no mundo inteligível. É assim que ela busca o conhecimento como tentativa de purificação da alma, através da inteligência. A alma é, pois, sujeito do conhecimento".*

Ao longo da história, a crença na imortalidade da alma, foi se modificando e sendo adaptada a diferentes visões religiosas e espiritualistas; assim como a definição de matéria foi sendo compreendida de maneira diferente pela Ciência.

René Descartes (1596-1650), filósofo, matemático e cientista francês que inventou a geometria analítica, ligando os campos anteriormente separados da geometria e da álgebra, propôs o dualismo de substâncias indicando que existem dois tipos de fundamentos: mental e corporal. Essa Filosofia afirmava que o mental pode existir fora do corpo e que o corpo não pode pensar. O conceito de dualismo propiciou a ideia de separação entre corpo e alma, uma vez que considerava que uma área não se relacionava com a outra, pois o corpo deveria ser tratado dentro dos limites da Ciência, e a alma tratada como um tema religioso.

Na sequência, o Iluminismo (Era do Esclarecimento séc. XVII - XVIII) trouxe avanços para as Ciências, Artes, Filosofia e Política, mas talvez, sua maior conquista foi livrar a humanidade da intolerância religiosa que reinava durante séculos.

Isidoro Marie Auguste François Xavier Comte (1798-1857), foi um filósofo e escritor francês que formulou a doutrina do positivismo. Ele é frequentemente considerado o primeiro filósofo da Ciência no sentido moderno do termo. Sua proposta positivista consolidou os limites da investigação e comprovação cientifica, pavimentando as bases do conhecimento científico atual.

O conceito sobre matéria no século XIX, se referia a tudo que poderia ser de alguma maneira percebido pelos nossos sentidos. Assim, nos acostumamos a pensar em matéria como algo que pode ser tocado.

Max Karl Ernst Ludwig Planck (1858-1947), físico teórico alemão cuja descoberta dos pacotes de energia (quanta) lhe valeu o Prêmio Nobel de Física em 1918, e Albert Einstein (1879-1955), físico teórico nascido na Alemanha, amplamente reconhecido como um dos maiores físicos de todos os tempos, fizeram contribuições importantes para o desenvolvimento da teoria da mecânica quântica. Juntos com os dois, Niels Bohr, Louis De Broglie, Erwin Schrodinger, Wolfgang Pauli, Werner Heisenberg e Paul Dirac revolucionaram o conceito de matéria e energia, e estabeleceram as bases da Física Moderna.

Atualmente, estas duas p rop osições foram exaustivamente comprovadas. A teoria quântica se refere ao microcosmo e foi a base do conhecimento da energia nuclear, assim como todos os avanços na área de diagnósticos da medicina atual. Por outro lado, a relatividade explica o macrocosmo, o conhecimento e conquista espacial, bem como, está por trás de toda a tecnologia do posicionamento por satélite, que conhecemos por GPS. O ponto a ressaltar é que ambas as teorias redefinem o conceito de matéria existente até o século XIX, porque ao apresentar a estrutura dualista em forma de ondas e partículas, evidencia o paradoxo da imaterialidade da matéria. Ou seja, a percepção pelos sentidos humanos deixa de ser uma característica da matéria.

O modelo existente para a integração das teorias - quântica e relatividade é amplamente aceito mas ainda incompleto, pois não incluiu a gravidade. Muitos cientistas seguem buscando esta integração em um modelo considerado como uma 'teoria de tudo'.

Podemos inferir, que o modelo de realidade atual ainda está incompleto. A Biologia e a Fisiologia, por exemplo, ainda são definidas por conceitos mecanicistas que prevaleciam no século XIX. A Psicologia e a Psiquiatria adotam um conceito de mente, sem, contudo, definir claramente do que se trata, ou onde ela realmente está localizada. Isto ocorre em todas as áreas da Medicina, ainda focada na interpretação mecanicista do corpo humano.

Se com o passar do tempo, o conceito inicial de matéria sofreu avanços, o conceito materialista permaneceu intocável. Ainda hoje se verifica a dificuldade em entender a relação entre corpo e alma, fazendo-nos deixar de ver uma unidade entre ambos.

Fala-se de consciência, e, não obstante, é difícil separá-la das funções cerebrais. Relaciona-se certos efeitos das emoções sobre o corpo - estudo da medicina psicossomática, porém, sob a visão materialista, mecanicista, que busca demonstrar que tudo está centrado no cérebro, ou melhor, no corpo que estaria dentro de seus domínios. Qualquer tentativa de incluir uma visão espiritualista nos domínios da Ciência é considerada uma interferência religiosa, ou o conjunto das diferentes manifestações e crenças religiosas.

Em pleno século XXI, e com tantos avanços nas mais diversas áreas científicas e humanas, ainda vivemos uma polarização entre dogmas religiosos e dogmas científicos. Talvez encontremos explicação pelo posicionamento ortodoxo de muitos líderes religiosos e seus seguidores, na manutenção de conceitos e dogmas claramente contrários aos avanços e descobertas propiciados pela Ciência. De igual maneira, também vemos posicionamento similar pela Ciência em não considerar as questões que vão além do corpo e do que ela (a Ciência) pode comprovar cientificamente. Percebe-se, assim, uma luta de poder entre conhecimento e crença - entre o saber e a fé.

O filosofo Immanuel Kant (1724-1804) atribuiu à Filosofia um papel de "guardiã da racionalidade" na construção de uma sociedade mais justa e equilibrada. Entretanto, em função do acelerado avanço da Ciência, e mais particularmente da Tecnologia, percebe-se que esse papel de guardiã não anda no mesmo ritmo que Ciência e Tecnologia; o que dificulta a transformação e adaptação do pensamento humano às novas percepções e aprendizados sobre alma-corpo-imortalidade.

Em virtude desse descompasso, enfrenta-se a dificuldade em manter a condição proposta por Kant e, assim, uma nova visão de mundo sobre as questões de corpo e alma.

Espiritualidade não é a escolha por uma crença religiosa, nem tampouco uma oposição à Ciência, mas sim uma proposta de integração e estudo da alma aos modelos científicos. É uma abertura para se conhecer e descobrir coisas que vão mais além do que o modelo materialista pode nos proporcionar. E é justamente neste ponto que a "guardiã da racionalidade" - a Filosofia, pode auxiliar. Ela nos convida a ampliar nossas percepções e nossos questionamentos, na tentativa de encontrar a lógica dentro dos limites do corpo e fora dele, mesmo que ainda não saibamos exatamente onde a alma está ou onde se localiza o ser que pensa e sente, e que se manifesta através de um corpo físico.

Quando novos cientistas propõe a modificação dos modelos vigentes, passam a ser considerados pseudocientistas. Já a ampliação por novos modelos científicos não se fazem tão rapidamente, tendo em vista que velhos dogmas consolidados pela Ciência, criam barreiras para interrelacionar corpo e alma.

Apresento a seguir, as ideias de alguns cientistas que vêm estudando sobre corpo e alma e já identificaram que coisas que ocorrem no corpo físico, vão mais além de explicações científicas ou somente referente ao corpo físico. São pesquisadores que se aventuraram a vencer preconceitos e julgamentos de seus pares, em suas buscas por respostas não convencionais à Ciência, relacionando muitas doenças a fatores além da estrutura física.

Bernie Siegel (1932) é um escritor americano e cirurgião pediátrico aposentado, que escreve sobre a relação entre o paciente e o processo de cura. Ele é conhecido por seu livro best-seller Amor, Medicina e Milagres.

Em seu outro livro, A Arte da Cura (*The Art Of Healing*)(2), Dr. Siegel descreve sua trajetória como médico-cirurgião em oncologia pediátrica e sua transformação pessoal através da vivência com pacientes; saindo de uma posição inicial de ceticismo, até a plena inclusão da realidade espiritual em seus trabalhos de curador. Na introdução da obra citada, Bernie escreve:

"O que eu estou prestes a compartilhar - que

me levou a uma nova compreensão da natureza da vida - não decorre de minhas crenças, mas da minha experiência pessoal e do meu trabalho com meus pacientes e suas famílias. Minha atitude de manter uma mente aberta permitiu-me ganhar muito mais com as minhas experiências e tornar-me um curador melhor do que aqueles na profissão que dizem que não podem aceitar o que eles não podem compreender ou explicar. Se nós não buscamos o conhecimento, nós não aprendemos; perdemos a oportunidade de viver nossas vidas de uma forma criativa. Então, eu nunca parei de fazer as perguntas importantes. O que quero dizer com as perguntas importantes?

As perguntas que devemos fazer são: Como é que o invisível se torna visível? Que parte do nosso ser ainda vê quando deixamos nosso corpo físico em uma experiência de quase-morte? Como sabemos intuitivamente os planos que nossa mente inconsciente está criando? Como videntes e médiuns se comunicam com pessoas e animais, mesmo a distância ou mortas? Como é que a comunidade de células no corpo fala com a mente consciente sobre suas necessidades e saúde? E o que são a linguagem da criação e da alma?"

William A. Tiller (1929) é professor emérito de Ciência dos materiais e engenharia na Universidade de Stanford. Ele também é o autor de Ciência e Transformação Humana, um livro que aborda conceito relativo às energias sutis, além das quatro forças fundamentais, que ele acredita que agem em conjunto com a consciência humana.

No artigo "É Tempo de Uma Ciência que Inclua a Consciência" (*White Paper IV: It Is Time for a Consciousness Inclusive Science*[3], Dr. Tiller nos diz o seguinte:

> *"O objetivo da engenharia, por outro lado, é construir essa compreensão fundamental para gerar novos materiais, dispositivos, atitudes, moralidades, Filosofias, etc., para produzir uma ordem societal tangível, para aproveitar os vários potenciais da Natureza. Para expandir as capacidades humanas em um ambiente em constante mutação."*

Fred Alan Wolf (1934), físico teórico americano, especializado em física quântica e na relação entre física e consciência, e ex-professor de física na San Diego State University, em seu livro "Mente e Matéria - Uma Nova Alquimia da Ciência e do Espírito"[4], escreveu:

> *"O computador moderno, o advento dos computadores quânticos, os avanços revolucionários na biologia, as viagens globais em alta velocidade e as comunicações quase instantâneas tornaram acessíveis amplas extensões do conhecimento humano. Pessoas que vinham de várias disciplinas científicas, religiosas e filosóficas começaram a construir pontes entre Ciência, a espiritualidade, o xamanismo, as antigas práticas magicas, a metafísica e o funcionamento do corpo humano, entre*

> *outras áreas. Na verdade, são tantas as pontes que estão sendo construídas que é difícil determinar exatamente no que deveríamos acreditar. Deveríamos ler e aceitar o que nos dizem os cientistas comprometidos com a Ciência oficial? Talvez devêssemos aceitar apenas as palavras de prestigiosos ganhadores de prêmios tais como o Nobel, o Pulitzer e outros. No entanto, o bom senso nos diz que se o fizéssemos, estaríamos em sérios apuros, pois com frequência, esses escritores não são melhores do que o indivíduo médio quando se trata de se aventurar nos domínios imaginativo e especulativo. Pior ainda, às vezes até mesmo as melhores mentes se tornam demasiadamente conservadoras e preconceituosas."*

Fatores comuns se entrelaçam nas ideias dos doutores Siegel, Tiller e Wolf. São pesquisadores com vivência e atuação científica que nos suscitam à existência de uma realidade espiritual e, consequentemente, à necessidade da Ciência em ampliar o entendimento limitado sobre corpo e alma - a relação e unidade entre eles.

Esta realidade espiritual, que reafirma a imortalidade da alma, encontramos também em algumas religiões espiritualistas. Particularmente no que se denomina o Espiritismo codificado por Allan Kardec - codinome para um célebre professor e estudioso do século XIX. Seguidor do método positivista que emprega a Ciência, ele se utilizou do mesmo para tentar entender, e comprovar, a existência de coisas que fogem ao âmbito da matéria, deixando registrado suas impressões e conclusões, além de informações oriundas de mentes (ou Espíritos) que já haviam vivido em corpos materiais, e que naquele momento já gozavam da liberdade extrafísica.

O Espiritismo codificado por Alan Kardec, propõe a integração entre Ciência e Filosofia, e possibilita maior compreensão sobre a relação corpo-alma e espiritualidade. Essa proposta parece compatível com o que espiritualistas denominam "mundo em transição", onde muitos encontram respostas mais lógicas para as conhecidas perguntas filosóficas:

- *Qual o sentido da vida?*
- *Qual a razão das desigualdades?*
- *Que acontece depois da morte?*

Com um pensamento debruçado sobre si mesmo, é que se faz necessário que cientistas, filósofos e religiosos se reajustem à realidade da vida. Realidade esta que segue alheia ao que o homem designa por certo e errado. Permanece em constante progresso. Esteja o homem encarcerado no materialismo ou refugiando-se nos dogmas de uma crença cega.

Tendo alcançado minha formação profissional na área de engenharia de mecânica, e por base o método científico na comprovação das coisas da matéria, me apaixonei pelo método positivista adotado por Kardec, e em sua busca por identificar uma explicação lógica para os fenômenos espirituais que se propagaram em diferentes regiões do mundo, na segunda metade do século XIX. Até entrar na faculdade, toda a física que me foi ensinada era mecanicista, com base nas proposições de Newton, que ainda corretas, são incompletas.

No primeiro ano de meu curso de engenharia, um professor me apresentou a Teoria da Relatividade, e me lembro como estes conceitos foram importantes para perceber a similaridade com a visão espiritualista que me haviam apresentado um pouco antes.

Esta reunião de ideias aqui apresentadas, são partes de minhas experiências pessoais. Elas muito ajudaram na construção de quem eu sou na atualidade. Auxiliaram-me a viver diferentes situações de dor e morte que fizeram parte de minha existência. Auxiliaram-me a romper paradigmas e a estar mais receptivo para entender coisas que fugiam da Ciência exata, aprendida na minha formação.

Encontrei no Espiritismo, a promoção da espiritualização do indivíduo. A investigação rigorosamente racional e científica de fatos que revelavam a comunicação dos homens com os Espíritos (ou almas), realizada por Allan Kardec. Seus estudos resultaram na estruturação de uma realidade espiritual, sob os aspectos, filosófico, científico e moral, e me proporcionaram um sentido lógico e racional. Fizeram-me ver uma grandeza maior na formação e existência do universo e em cada individualidade humana.

Michael Blay[7] (1948), filosofo francês, nos diz que:

> *"A Ciência é o conhecimento claro e evidente de algo, fundado quer sobre princípios evidentes e demonstrações, quer sobre raciocínios experimentais, ou ainda sobre a análise das sociedades e dos fatos humanos."*

A atuação de Kardec na experimentação e proposição lógica, do que ele denominou Ciência Espírita, seguiu a mesma fundamentação de Blay. Entretanto, o modelo de realidade proposto pelo Espiritismo, não é a única opção de Filosofia Espiritualista. Muitos dos fundamentos propostos pelo Espiritismo, como imortalidade da alma e a reencarnação, estão descritos também nos ensinamentos do Pathwork (258 textos transcritos, recebidos de forma mediúnica através da psicofônica, por Eva Pierrakos entre 1957 e 1979, que abrange temas universais e atemporais, todos relacionados a autoconhecimento e transformação pessoal. Os temas então reunidos poderiam promover muitos questionamentos, tais como:

- *Como encontrar respostas para os problemas sociais?*
- *Como sair da condição de agentes passivos para ativos em um processo de mudança social?*
- Por que muitos têm doenças e morrem, enquanto outros obtém as mesmas doenças e se curam?
- *Como entender nossa participação no processo de doença e cura?*

- Qual o efeito de nossas emoções em nossa saúde?
- *Por que necessitamos calamidades geológicas, climáticas e de saúde pública (pandemias)?*

Vivemos a polarização de valores em várias áreas da sociedade. Radicalizações ideológicas, religiosas e políticas, acentuada desigualdade social, preconceitos de raças e de gênero, assim como a evidente diferença instrucional, disfarçadas de necessidades ou privilégios - individuais e coletivos. Se avaliamos sob o ponto de vista de "imortalidade da alma", então não existem diferenças entre nenhum de nós, sendo a condição de riqueza ou pobreza, cor da pele, identificação de gênero, nível educacional e nacionalidade, apenas aspectos transitórios de uma realidade mais ampla.

Avaliar sob um ponto para mais além do corpo e da alma, é começar a entender o termo "transição planetária" e a necessidade de ampliar o conceito de espiritualidade. Nos faz repensar em novos modelos para a educação do ser, para as necessidades da sociedade, para uma política mais justa, e uma economia com mais acessibilidade nos diferentes níveis da sociedade. Um trabalho coletivo que vise a eliminação das desigualdades atuais, e pela sustentabilidade para as futuras gerações. Apesar de todos os avanços da Ciência, incrementados no decorrer dos séculos, nossa compreensão da condição humana continua moldada a uma realidade de sociedade, e instituições, que professam a visão materialista de vida, em contrapartida à busca incessantemente de algo que é etéreo - a felicidade.

Presos a conceitos e verdades que aceitamos, criamos e reproduzimos, sem entender as coisas da alma - ou da nossa qualidade de seres imor tais - os medos, culpas, ressentimentos, e muitos outros sentimentos, criam barreiras para que o indivíduo se expresse livremente com vistas a imortalidade do ser. E assim, nesta dualidade entre vida material e felicidade transcendental, o ser começa a apresentar sintomas de enfermidades no corpo físico e na mente, sem saber onde exatamente elas começam.

Nossa condição humana, terrenal e materialista, demonstra que ainda não conhecemos as leis que regem o universo em sua totalidade (no Espiritismo se chamam Leis Divinas), porém já vislumbramos que existem mais fronteiras científicas a serem desbravadas. Se o progresso é inevitável a tudo que existe neste universo que conhecemos, sabemos que à medida que a Ciência ampliar seu conhecimento das leis da natureza que regem a realidade além do corpo físico, certamente ampliará o conhecimento do que hoje se chama de "realidade espiritual".

Considerando que uma das atividades da engenharia é a construção de pontes, o projeto Perispírito - Além da Fronteira do Corpo busca fazer pontes entre visões de diferentes autores, na tentativa de encurtar as distâncias entre Filosofia, Ciência e Espiritualidade, instigando a todo leitor, na busca pela visão de realidade de mundo mais transcendente.

Com um maior entendimento da conexão entre corpo e alma, e conhecendo com mais detalhes sua constituição, suas funções e propriedades, podemos, individualmente, colocar pequenos blocos na construção de novas pontes em nosso saber, em nossas percepções e nossos valores, e consequentemente, auxiliando-nos a enfrentar melhor as dificuldades e desafios da vida, em este corpo físico.

Nesta busca por entender coisas que fogem do âmbito da Ciência materialista, encontro na Filosofia questionamentos que me fazem pensar além das coisas da matéria. Foi na espiritualidade que passei a entender uma integração entre o que percebemos como matéria e o que se move através dela - a alma ou Espírito, e a constante relação existente entre vida física, mente, doenças e morte.

Autoconhecimento e autotransformação são as primeiras etapas para que o indivíduo rompa as barreiras que limitam a consciência, sendo que este projeto não tem a pretensão de ser um texto filosófico, religioso ou científico; são apenas fragmentos de meus estudos e expressões de minhas vivências pessoais.

Referências:

1) CABRAL, João Francisco Pereira. "Imortalidade da alma em Platão"; Brasil Escola. Disponível em: *https://brasilescola.uol.com.br/filosofia/imortalidade-alma-platao.htm*. Acesso em 11 de julho de 2021.

2) SIEGEL, Bernie S. - *The Art of Healing: Uncovering your Inner Wisdom and Potential for Self-Healing – New World Library*, California, USA, 2013.

3) TILLER, William - Artigo IV: É Tempo de uma Ciência que Inclua a Consciência (*White Paper IV: It is Time for a Consciousness Inclusive Science*) - *https://www.tillerinstitute.com/* - USA, 2009.

4) WOLF, Fred A. - Mente e Matéria: Uma Nova Alquimia da Ciência e do Espírito, São Paulo, Brasil.

5) BLAY, Michael. Wikipedia - Ciência: citação a Michel Blay - *https://pt.wikipedia.org/wiki/Ci%C3%AAncia*

CAPÍTULO 2
Além da fronteira do corpo

Uma conhecida fábula hindu, nos conta que quatro cegos foram colocados ao redor de um elefante, e lhes pediram que cada um tocasse no elefante e respondesse à pergunta:

> *"O que é um elefante?*
>
> *O primeiro cego, que estava frente à tromba disse: são duas pequenas saliências móveis, e uma cabeça enorme possuindo duas vastas presas parecendo espadas;*
>
> *O segundo cego, colocado entre as pernas do elefante, o define: um elefante são quatro grossas colunas feitas de uma substância macia, rugosa e algo áspera;*
>
> *O terceiro cego, apalpando a cauda do elefante afirmou que um elefante é um chicote curto e grosso, tendo na extremidade uns poucos pelos duros;*
>
> *Finalmente o quarto cego, seguro de sua sabedoria concluiu que um elefante era um grande tonel revestido de algo áspero e rugoso."*

Qual dos cegos estaria certo? Cada um dos cegos estava certo em suas percepções e observações, porém suas *definições estavam incompletas, uma vez que cada um tinha uma impressão limitada de toda a realidade tátil e visual.*

No mundo das impressões, a percepção é algo diferente e individual, fazendo-nos cegos do todo universal e daquilo que foge à compreensão sensorial e, principalmente, de tudo aquilo que não pode ser comprovado pela Ciência; de acordo aos métodos científicos.

Como os quatro cegos da fábula, assim somos todos nós - cegos diante da percepção e realidade espiritual. Carecemos ampliar a forma de observar, utilizar-nos dos conhecimentos de outros pesquisadores e pensadores, unir ideias, e assim, ampliar a universalidade de conceitos sobre determinado assunto.

Nunca os conhecimentos científicos, filosóficos, religiosos e emocionais, foram tão amplamente discutidos e falados. Ainda assim continuamos distantes de acordos e consensos sobre coisas que estão intrinsecamente ligadas por algo que foge ao nosso entendimento e nossa maturidade espiritual.

No primeiro capítulo apresentei diferentes perspectivas que sugerem a existência de uma realidade que transcende os limites do corpo físico. De acordo às minhas percepções, impressões, estudos, pesquisas e crenças, agora abordarei conceitos relacionados a um corpo sutil que permeia o corpo físico e a alma, comumente conhecido entre os espiritualistas como corpo fluídico, modelador organizador biológico, ou perispírito.

Este corpo intermediário - ou perispírito - como falarei daqui para frente, é ainda fronteira a ser desbravada pela Ciência. Entretanto, para estudiosos espiritualistas, esse corpo desempenha papel primordial no processo evolutivo do Espírito (alma), antes ainda do corpo físico ser formado, bem como depois da desintegração do corpo físico após a morte.

O conceito de espaço-tempo é adotado na física para definir o sistema de coordenadas utilizado para o estudo da teoria da relatividade, sendo que o tempo e o espaço tridimensional são concebidos em conjunto, formando uma única variedade de quatro dimensões. Ao não ser perceptível aos cinco sentidos, o perispírito parece manifestar-se fora da dimensão espaço-tempo identificada pela Ciência, mas mantém em sua constituição toda a trajetória do Espírito, fazendo com que passado e presente sejam parte da mesma realidade.

O fato de não ser catalogado dentro dos preceitos científicos atuais, não quer dizer que este corpo fluídico não exista e faça parte de algo que transcenda nossa capacidade perceptiva. Para aqueles que estudam e vivenciam percepções e sensações extracorporais, o perispirito apresenta diferentes graus de tangibilidade, ponderabilidade, penetrabilidade e luminosidade, além de manter em sua constituição, toda a trajetória do Espírito (alma), fazendo com que a essência do passado (vida passada), faça parte da presente encarnação da realidade vivida pelo ser encarnado.

Hippolyte Léon Denizard Rivail - que se autodenominou Allan Kardec (1804-1869), explicou no "Livro dos Espíritos" (1857), que a densidade energética do perispírito depende do grau evolutivo do indivíduo e do campo energético específico do mundo em que este indivíduo está vinculado. Além disso, desde a zona mais próxima da energia em seu mais alto grau de condensação, que é o corpo físico, até as fronteiras mais etéreas envolvendo o Espírito (alma), é bastante provável que o perispírito apresente também diferentes níveis vibratórios.

De acordo com a revelação espiritual apresentada no Livro do Espíritos, o Universo, como criação de Deus, é constituído por dois princípios básicos: o espiritual e o material. Nessa revelação, nada foi informado quanto a origem do Espírito, entretanto, foi proposto que todos os diferentes estados da matéria no Universo são uma variação de um elemento primordial denominado de fluido cósmico universal.

Quando o conceito do perispírito foi proposto por Kardec, foi identificado como sendo de constituição semimaterial, de acordo com a Ciência da segunda metade do século XIX, que considerava como matéria o tudo que poderia ser percebido pelos sentidos da visão e tato, e este não era o caso do perispírito. Vale lembrar, que a radiação somente foi descoberta no final do século XIX. Entretanto, tendo sido considerado como uma variação do fluido cósmico universal, já antecipava a constituição material do perispírito. Atualmente o conceito de fluido foi modificado pela Ciência, e já percebemos a interação entre matéria, energia, ondas e partículas.

Vamos tratar sobre o perispírito, com mais detalhe, na segunda parte deste projeto, quando será analisado o aspecto científico do perispírito. Para quem desejar se aprofundar no estudo deste corpo intermediário recomendo o livro Perispírito, de Zalmino Zimmermann.

Neste capítulo, apresento ideias de alguns pesquisadores que se dedicaram na proposição de modelos para a consciência e o papel do perispírito nesses modelos.

O engenheiro e pesquisador Hernani Guimarães Andrade (1913-2003) em seu livro Espírito, Perispírito e Alma: Ensaio sobre o Modelo Organizador Biológico (2), considera o perispírito formado em camadas, relacionando corpo vital, corpo astral, corpo bioplasmático e a estruturação do modelo organizador biológico com as sucessivas existências do Espírito.

Dr. Jorge Andrea (1916-2017), médico-psiquiatra, efetuou estudos sobre o psiquismo e, no livro Visão Espírita nas Distonias Mentais (3), nos apresenta a seguinte definição:

> *"O perispírito ou psicossoma é uma porção intermediária, com todos os graus de vibração, que une, de um lado, a zona vibracional espiritual, e, do outro, a condensação máxima de energia de caráter barôntico, característica da nossa matéria."*

De acordo com o Dr. Jorge Andrea, o perispírito atuaria como intermediário entre o corpo mental, onde estaria a sede da consciência do ser (Espírito ou alma), e o corpo físico, onde está o cérebro e todas as suas funções para o processo de aprendizagem: a linguagem, a memória, os sentidos, os movimentos, as emoções e a consciência de tempo e espaço presente.

Com uma visão similar à proposta de Dr. Jorge Andrea, encontramos o físico quântico Ph.D. Amit Goswami (1936), de origem indiana e radicado nos Estados Unidos, destacando-se como professor-titular de física quântica no Instituto de Física Teórica da Universidade de Oregon. É conhecido entre seus congêneres, por contribuir para uma nova visão de mundo que desvela a natureza espiritual da consciência. Autor de muitos livros sobre o tema, encontramos no O Universo Autoconsciente (4), a divulgação de valores quânticos-espirituais. Em inúmeras entrevistas televisivas fala de sua certeza na reencarnação e na continuidade do Espírito. Confessou que a princípio não aceitava tal ideia, mas que em um determinado dia teve um sonho, que mudou radicalmente seu conceito. No sonho, foi-lhe dito:

> *"O Livro Tibetano dos Mortos está certo. Cabe a você, como físico, comprová-lo, e a partir daquele momento a física quântica me ajudou a fornecer os meios para esta compreensão".*

Na sequência desta mesma entrevista, falando sobre espiritualidade, religião, vida, consciência, ele nos diz:

> *"Parece distante para as pessoas que acreditam que a Ciência e a Religião não*

devem estar incluídas no mesmo conjunto, que acham que elas não combinam (...) Na verdade, eu passei boa parte da minha vida como materialista, mas também era integrante da comunidade científica."

(...) Nos Estados Unidos existe esse materialismo profundo, porém, quanto mais profundo ele se torna, maior é a necessidade da espiritualidade. Eles partem do ponto de vista de uma espiritualidade materialista, ou seja, de uma espiritualidade que tenha uma meta.

(...) A espiritualidade é você aprender que não tem de chegar a lugar algum, pois você já traz em si esse potencial.

(...) A maneira comum de analisar a consciência é considerá- la como um resultado secundário (epifenômeno) da atividade cerebral. O problema desse ponto de vista é que se começa com partículas produzindo átomos, átomos produzindo moléculas, moléculas produzindo neurônios, neurônios produzindo o cérebro e o cérebro produzindo consciência.

(...) Isso transforma a consciência em um objeto, apesar de que os objetos fazem parte da experiência da nossa consciência, e não só eles, mas o todo. O enfoque convencional não consegue incorporar essa duplicidade do sujeito e objeto. Na física quântica existe uma profunda descontinuidade, sendo que

algumas partes do movimento quântico são previsíveis. Por exemplo: os objetos da física quântica são considerados ondas de possibilidades. Como essas possibilidades vão se espalhar pode ser previsto pela matemática quântica; mas como as possibilidades se transformam em realidade concreta não pode ser previsto.

(...) A consciência faz o colapso dessas possibilidades para ser algo – isso é o que chamamos de salto quântico. Então a consciência é incorporada na física quântica como o escolhedor da realidade, entre as possibilidades existentes.

(...) Não somente a consciência não depende do cérebro como é o cérebro que depende da consciência. Isso vira o ponto de vista materialista (newtoniano) de cabeça para baixo. A vantagem é que você consegue começar a entender a divisão entre sujeito e objeto, e incorporá-los em uma mesma realidade."

Dr. Amit coloca ainda, que o modelo evolutivo apresentado por Darwin, explica a evolução das espécies sob o ponto de vista genético, mas não explica como ocorreram as mutações das espécies. Precisava haver "algo" orientando a questão biológica. Tal colocação, parece corroborar com a ideia do modelo organizador biológico como sede da consciência, aceito por muitos pesquisadores da atualidade.

Dentro da área espírita, encontramos no livro Evolução

em Dois Mundos[5] , de André Luiz e psicografado pelo médium Francisco Candido Xavier (Chico Xavier, 1910-2002), o autor demonstra a completa relação entre a evolução das espécies e a direção da espiritualidade, utilizando como meio o perispírito.

Em outras obras de André Luiz, também psicografadas por Chico Xavier, o autor nos traz um legado de conhecimentos, ainda pouco conhecidos, percebidos e entendidos, até por adeptos do Espiritismo. André Luiz afirma que o perispírito liga-se ao corpo físico "célula a célula", que cada célula no corpo físico está intimamente ligada à outra, na zona perispiritual, e que o bom ou mal funcionamento de uma interfere com a outra.

O inglês Ph.D. Rupert Sheldrake (1942), biólogo e pesquisador no campo da parapsicologia, propõe o conceito da ressonância morfômica e sugere a existência de um modelo organizador celular, exterior ao corpo físico, que atuaria na diferenciação das células durante a etapa fetal.

Outro estudo relativo à constituição do perispírito, encontramos no livro Espírito e Matéria[6] do cirurgião e profundo conhecedor em diversas áreas das ciências, Dr. José Lacerda (1919-1997), que relaciona matéria-energia-espaço com base na física quântica.

Falando especificamente sobre o Espírito-perispirito-corpo físico, Dr. Lacerda apresenta-o como veículo consciencial composto por sete corpos, entre o mais puro e essencial até o corpo físico:

"Nestes estratos, cada série ou corpo tem

> *denominação e características distintas, funções específicas e manifestação limitada ao campo ou dimensão a que está adstrito, pois cada um destes corpos vibra em um universo dimensional distinto."*

Dr. Décio Iandoli Jr., graduado em Medicina pela Universidade São Francisco (1987) e doutorado em Técnicas Operatórias e Cirurgia Experimental pela Universidade Federal de São Paulo, atua como professor doutor no curso de Medicina, envolvendo temas como Endoscopia, Cirurgia, Fisiologia, Saúde e Espiritualidade e, Relação médico-paciente, em seu livro Fisiologia Transdimensional [(7)], nos informa sobre períspirito:

> *"(...) a estrutura perispirítica é complexa, tanto na natureza dos seus compostos, quanto na disposição de suas formas (...) o perispírito é composto de várias camadas de densidades diferentes, que, no entanto, não possuem l imites precisos, interpenetrando- se mutuamente".*

Outro pesquisador a ser considerado, Dr. Richard Gerber (1954-2007), formado em Medicina pela Wayne State University School of Medicine em Detroit, foi altamente respeitado por seus 25 anos de pesquisa progressiva em métodos alternativos de diagnóstico e cura. Em seu livro Medicina Vibracional[(7)], apresentou um estudo minucioso sobre a energética humana, no qual ele apresentou um tratamento enciclopédico de cura energética, cobrindo campos de energia sutil, acupuntura, remédios florais de Bach, homeopatia, cura de cristal, eletroterapia, radiologia, chakras, meditação e cura psíquica. Ou seja, vários tratamentos vistos como alternativos e não considerados na medicina tradicional por escapar de seus métodos de avaliação.

Para validar sua proposta, Dr. Richard utiliza o modelo científico Tiller-Einstein da Universidade de Stanford (EUA), e assim descreve sete frequências vibratórias para o espectro energético humano: elas vão desde o corpo físico e passam por 5 corpos intermediários até chegar ao Espírito.

Na tabela a seguir, apresento uma comparação entre três modelos propostos, com um resumo dos diferentes níveis vibracionais do Espírito, sendo o perispírito o nível transitório, material, que se purifica e eteriza durante o processo de evolução espiritual:

Dr. Willian Tiller	Dr. José Lacerda	Dr. Jorge Andrea
Espírito	Corpo Átmico	Inconsciente Puro
Corpo Espiritual	Corpo Buddhi	Inconsciente Passado
Corpo Intelectual	Corpo Mental Superior	Inconsciente Atual
Corpo Instintivo	Corpo Mental Inferior	Corpo Mental
Corpo Astral	Corpo Astral	Períspirito
Corpo Etérico	Corpo Etérico	Corpo Etérico
Corpo Físico	Corpo Físico	Corpo Físico

Ponderando a hipótese da existência do perispírito, poderíamos ampliar as considerações sobre a interação entre fatores mentais, emocionais e espirituais, que proporcionam o equilíbrio ou desequilíbrio energético das células perispirituais, e por consequência, provocam saúde ou enfermidade nas células na zona física.

Esta proposta, da possível realidade do perispírito, promove maior entendimento da jornada humana e a expansão gradativa da consciência e transforma cada existência em uma etapa educativa no processo de evolução do Espírito.

Referências:

1) KARDEC, Allan - O Livro dos Espíritos - IDE - Brasil, 1974 (Original de 1857).
2) ANDRADE, Hernani Guimarães - Espírito, Perispírito e Alma - Editora Boa Nova - Brasil, 2020.
3) SANTOS, Jorge Andrea - Visão Espírita das Distonias Mentais - FEB - Brasil, 2002.
4) GOSWAMI, Amit - O Universo Autoconsciente (Como a Consciência Cria o Mundo Material) - Editora ALEPH - Brasil, 2011.
5) XAVIER, Francisco Candido; VIEIRA, Waldo - Evolução em Dois Mundos pelo Espírito André Luiz - FEB - Brasil, 1958.
6) AZEVEDO, José Lacerda - Espírito e Matéria - Brasil, 2007.
7) IANDOLI JR., Décio - Fisiologia Transdimensional: Aspectos da Fisiologia Humana sob a Visão Espírita - FE Editora Jornalística - Brasil, 2001.
8) GEBER, Richard - Medicina Vibracional - Cultrix - Brasil, 2010.

CAPÍTULO 3

Além da fronteira do corpo

Para espiritualistas, e reencarnacionistas, nascimento e morte são etapas necessárias no processo de educação consciencial do Espírito (alma), no caminho evolutivo em direção à perfeição.

Para entender essa ideia, crença ou Filosofia, de forma um pouco mais justa e lógica, se faz necessário ampliar nossa "concepção e visão de vida".

Analisemos duas opções: a vida atual sendo uma experiência única, ou esta vida sendo apenas uma entre múltiplas experiências reencarnatórias que pode ter o Espírito (alma). Essa é uma das muitas escolhas filosóficas do ser humano, sempre definidas em função de suas crenças, valores, religião, e percepção e vida.

Pessoalmente, eu opto pela ideia de múltiplas existências por acreditar na dificuldade de alcançarmos a perfeição em uma única existência (representada pelo corpo físico). Além disso, me parece injusto quando analiso a variedade de condições entre os seres humanos: alegria-tristeza, riqueza- pobreza, saúde- doença, privilégio-desfavorecimento; enfim, tantas desigualdades sociais, políticas e geográficas reinando em um único planeta que, muitas vezes, se torna difícil acreditar em uma única existência.

De igual maneira, o ser humano não foi educado, e nem tem o hábito de pensar e trabalhar com a ideia para elevar-se espiritualmente. Não utilizamos nosso tempo para refletir de onde viemos e para onde vamos (ato filosófico) porque parece ser perda de tempo diante de um mundo acelerado e desejoso do novo; Acreditamos que ao estar dentro de alguma religião, participando de cultos e estudos, já estamos dedicando tempo para a alma (ato religioso, não espiritual).

Para que esta análise não se prenda unicamente a fatores relacionados a minha crença na reencarnação, apresento estudos de outros pesquisadores em diferentes áreas, que começam a ser consideradas como evidências da imortalidade da alma e, por consequência, da pré-existência e sobrevivência do Espírito (alma) e seu veículo transitório de manifestação - o perispírito.

Evidências de "Vida Antes da Vida"

Dra. Helen Wambach (1925-1985), psicóloga clínica, em seu livro Vida Antes da Vida[1], de 1984, apresenta o estudo de 750 casos de pacientes que, com a utilização de hipnose, relataram experiências reais vividas antes do nascimento. Ela concluiu que:

> *"90% dos pacientes vislumbraram, sem nenhuma dúvida, imagens de vidas passadas.*

Estou convencida de que é chegada a hora de estudar com rigor a realidade da reencarnação."

Corroborando evidências apresentadas pela Dra. Wambach, vemos o trabalho do Dr. Ian Stevenson (1918-2007) que, por mais de 50 anos, atuou como professor de psiquiatria na Universidade de Virginia e tornou-se um dos pesquisadores mais conhecidos sobre o tema "reencarnação". Ele estudou milhares de casos em crianças nos Estados Unidos, Inglaterra, Tailândia, Birmânia, Turquia, Líbano, Canadá, Índia, e muitos outros lugares. Seu método era identificar a pessoa que a criança dizia ter sido em vida anterior, verificar toda a informação sobre a pessoa e, mais tarde, confirmar as lembranças da criança como uma "vida passada". Dr. Stevenson deixou um importante legado de estudos sugestivos da reencarnação.

Evidências de "Vida Depois da Vida"

Dr. Raymond Moody (1944), filósofo, doutor em medicina e psicólogo, em 1975 criou o termo experiências-de-quase-morte (NDE - *Near Death Experiences*) ao relatar em seu livro Vida Depois da Vida(2), um estudo envolvendo mais de uma centena de indivíduos que experimentaram a morte clínica e reviveram (experiências de quase morte). Os relatos das experiências vividas pelos indivíduos, são semelhantes em seus detalhes, e forneciam evidências da sobrevivência do Espírito (alma) depois da morte.

Dr. Kenneth Ring (1936) professor emérito em psicologia na Universidade de Connecticut, realizou um estudo de dois anos sobre as experiências de quase-morte em deficientes visuais, com resultados surpreendentes. Os resultados foram publicados em 2008 no livro *Mindsight: Near-Death and Out-of-Body Experiences in the Blind* [3] (experiências de quase-morte em pacientes cegos) e mostrava 31 pessoas cegas que haviam passado pela experiência de quase-morte. Eles descreviam a experiência de "ver" pela primeira vez em suas vidas, além de darem detalhes de procedimentos médicos na mesa cirúrgica.

O pesquisador e neuropsiquiatra Peter Fenwick (1935) fez experimentos, no King´s College de Londres, sobre um fenômeno que acontece entre as 24 e 48 horas antes e depois da morte e também no momento da morte. Em seu livro, A Arte da Morte: uma Jornada para Outro Lugar (*The Art of Dying: a Journey to Elsewhere*)[4], nos diz:

> *"Esses acontecimentos ocorrem com muita frequência e em grande porcentagem dos casos, e afirmam que a consciência é diferente do cérebro."*

Em fevereiro de 2020, o King´s College de Londres promoveu um evento denominado Imortalidade: Crenças e Práticas, que estimulou uma discussão sobre tanatologia com um estudo científico sobre a morte.

O médico oncologista Jeffrey Long (1954), autor do livro

Evidências da Vida após a Morte [5], dirige a fundação de pesquisas sobre experiências de quase-morte e tem catalogado, até 2009, mais de 2.500 estudos de casos. Ele afirma:

> *"Minha área profissional está baseada em pesquisas sobre experiências de quase-morte. Em minha opinião, as experiências de quase-morte proporcionam uma das maiores evidências científicas da vida após a morte."*

Em outro livro, intitulado Consciência Além da Vida (*Conciousness Beyond Life*) [6], do doutor cardiologista Pim Van Lommel (1948), que se dedicou ao estudo e pesquisa das EQM - Experiências de Quase Morte (NDE - *Near Death Experiences*) lançado em 2010, nos apresenta os resultados de várias pesquisas sobre o assunto, propondo também a ideia da continuidade da consciência, tomando por base conceitos atuais da física quântica.

Suas conclusões se basearam no estudo que avaliou 562 pacientes, sendo 344 deles na Holanda, em 2001; 166 nos Estados Unidos, em 2003, e na Grã-Bretanha, 63 pacientes em 2001 e, outros 39 em 2006:

1. Evidência da mesma percentagem de EQM durante a parada cardíaca;
2. Nenhuma explicação fisiológica ou psicológica para uma EQM;
3. Uma EQM ocorre durante a parada cardíaca;
4. A parada cardíaca envolve a perda de todas

as funções cerebrais."

Embora as EQM não tenham sido explicadas, nem comprovadas pela Ciência atual, ela indica que a consciência independe do cérebro, uma vez que esta permanece ativa mesmo quando as funções cerebrais foram paralisadas.

Muitas explicações materialistas para as EQM ainda são apresentadas em estudos e livros, entretanto, em seu livro, Dr. Pim demonstra a inconsistência delas, abrindo a proposta da continuidade da consciência para além do corpo físico e daquilo que a Ciência considera como morte: a cerebral.

Dr. Pim também apresenta os resultados de outro estudo feito com pacientes que tentaram suicídio. Nele, aponta que 20% daqueles que sobreviveram a tentativa, relataram uma EQM, o que lhes causou um impacto positivo em suas vidas, mesmo naqueles que apresentavam anteriormente profundo quadro de depressão.

> *"Graças a essas percepções recém-obtidas (pelos pacientes), novas tentativas de suicídio são extremamente raras. Alguns estudos sugeriram que pacientes suicidas e muito severamente deprimidos, que se encontram em clínicas psiquiátricas, e que recebem informações sobre EQM e suas consequências, realmente reduz o risco de suicídio. O confronto com uma EQM pode ter um efeito terapêutico positivo em pacientes suicidas."*

Em outros momentos, o autor sugere que resultados de estudos realizados com pacientes em processo de tratamento paliativo e terminal, indicaram que falar sobre as EQM e suas consequências, também reduziu o medo da morte em pacientes e profissionais de saúde destas unidades.

Evidências de "Continuidade da Vida"

No Brasil, a mediunidade de Chico Xavier (1910-2002) ficou conhecida pelo seu trabalho mediúnico e gratuito, através dos mais de 400 livros publicados, por meio de psicografias recebidas de muitos autores espirituais, das inúmeras cartas psicografadas de pessoas já falecidas e que tinham o objetivo de consolar as famílias, além de seus inúmeros trabalhos caritativos e de promoção social.

Seu dom mediúnico foi admirado por muitos estudiosos, e, em 1991 foi analisado e relatado pelo médico Dr. Paulo Rossi Severino em seu livro A Vida Triunfa [(7)], em conjunto com a Associação Médico Espírita de São Paulo. Tanto o doutor, quanto a associação afirmam que 93% das pessoas que visitavam Chico Xavier não o conheciam, 62% das mensagens mostravam mais de seis fatos específicos, e; 71% continham informações detalhadas sobre pessoas falecidas, que foram posteriormente confirmadas como verdadeiras por suas famílias. Após suas análises, Dr. Rossi concluiu que as informações reveladas por Chico Xavier provinham de Espíritos (almas) de pessoas mortas e não eram resultado de qualquer classe de fraude.

"Nascer, Viver, Morrer, Renascer Ainda, Progredir Sempre, Tal é a Lei"

Tal inscrição foi esculpida no túmulo de Allan Kardec (citado anteriormente) e, sintetiza o princípio básico da sobrevivência, renascimento e progressão do Espírito (alma).

Walter Oliveira Alves (1952) é pedagogo, professor de psicologia da educação, Filosofia e história da educação e didática. Lecionou ainda outras matérias nessa área, além de sua formação em engenharia civil.

Em 1997, no livro Educação do Espírito - Introdução à Pedagogia Espírita[8], Walter reforça a conexão da reencarnação e o processo educativo do Espírito (alma):

> *"Nascer e morrer são diferentes etapas biológicas vivenciadas pelo corpo físico durante a encarnação do Espírito. A criança de hoje é o Espírito eterno, que venceu inúmeras etapas evolutivas através dos milênios.*
>
> *O Espírito evolui através do esforço próprio, com o trabalho de si mesmo.*
> *O Espírito conserva após a morte do corpo físico, todas as aquisições adquiridas durante a encarnação, através do perispirito e, ao renascer em novo corpo físico não perderá o patrimônio adquirido.*

> *Nenhum processo educativo pode ignorar que somos Espíritos imortais, criados por Deus, nascendo, vivendo, morrendo, para renascer e evoluir sempre. Entendemos por educação, o desenvolvimento das potencialidades do Espírito eterno.*
>
> *Não podemos, pois, prescindir de analisar a evolução, tanto em seu aspecto espiritual como material, para chegarmos a uma compreensão real do desenvolvimento e do processo de aprendizagem, uma vez que o corpo físico é o órgão de manifestação do Espírito e instrumento de sua interação com o meio."*

Processo de Aprendizagem do Espírito

Estudando sobre o processo de aprendizagem do Espírito enquanto encarnado, Walter Oliveira Alves faz uma análise da metodologia proposta por Jean Piaget (1896-1980), psicólogo suiço que é conhecido por seu trabalho no desenvolvimento infantil. A teoria do desenvolvimento cognitivo de Piaget e a visão epistemológica são chamadas de "epistemologia genética". Com base nisso, Walter ressaltou que:

> *"Quando o indivíduo age (procedimento) utiliza as estruturas mentais que já possui, que reagirá com o procedimento presente, formando nova estrutura.*

> *Piaget acrescenta que este processo de modificação interior, que é um processo de adaptação, ocorre através da assimilação, que consiste na absorção de experiências novas às estruturas interiores e da acomodação que consiste na modificação interior, que acomoda seu funcionamento, para readaptar-se a novas experiências."*

De acordo com Piaget, um processo de aprendizagem demanda um esforço de adaptação, que pode ser assim compreendido:

Embora Piaget tenha utilizado sua metodologia ao processo de aprendizagem infantil, Walter a utilizou, por analogia, ao processo de aprendizado do Espírito ao longo de suas sucessivas reencarnações. Neste processo evolutivo, o Espírito estaria sendo submetido a novas formas de adaptação, envolvendo dois mecanismos que apesar de distintos são indissociáveis e que se complementam: a assimilação e a acomodação.

> *A assimilação consiste na tentativa do indivíduo em solucionar uma determinada situação a partir da estrutura cognitiva que ele possui naquele momento específico da sua existência. Representa um processo contínuo na medida em que o indivíduo está em constante atividade de interpretação da realidade que o rodeia e, consequentemente, tendo que se adaptar a ela.*
>
> *A acomodação, por sua vez, consiste na capacidade de modificação da estrutura mental antiga para dar conta de dominar um novo objeto do conhecimento.*

Se esses dois mecanismos estão de acordo ao "processo de aprendizagem" do Espírito, é através do perispírito que toda experiência seria assimilada a uma estrutura de ideias já existentes, podendo provocar uma transformação nessas ideias, gerando um processo de acomodação. Walter Oliveira Alves conclui:

> *"Toda atividade mental se processa pela assimilação e acomodação em níveis gradualmente crescentes, em um avançar progressivo, construindo gradativamente novas estruturas em níveis cada vez maiores, ou seja, partindo do que já se tem dentro de si, constrói-se algo em nível um pouco superior."*

Evolução Consciencial

Se partimos do pressuposto que a reencarnação possibilita ao Espírito, ou alma reencarnante, a vivência de diferentes estágios evolutivos, entendemos que o Espírito – com sua individualidade perispirítica – partiria de uma primitividade física, consciencial e emocional, passando por diversos estágios reencarnatórios para seu aprendizado e evolução, até chegar à perfeição, transmutando seus instintos primitivos, sensações e emoções em sentimentos de amor, e em harmonia com as leis de Deus.

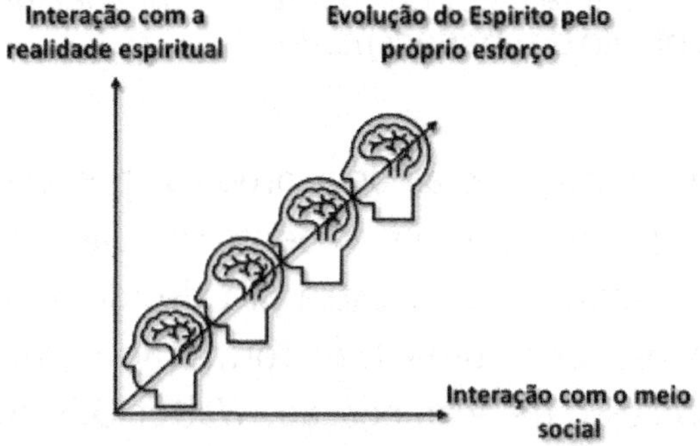

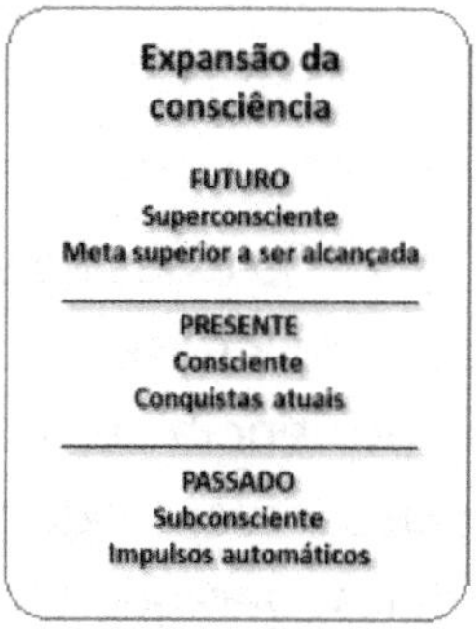

Educação do Espírito

Cada ser humano, independentemente de suas condições, sociais, políticas e geográficas, é o grande responsável pela busca de seu equilíbrio físico-emocional e de sua harmonia mental. Com a ideia da reencarnação - do nascer, morrer, renascer, voltar a morrer e ainda renascer - quiçá entendamos melhor o processo evolutivo e consciencial dos seres no planeta Terra, pois que pela repetição no processo do ir e vir, através da vida-morte-reencarnação teremos tido muitas oportunidades de aprendizado e evolução de nossas próprias consciências.

Partindo da ideia que somos Espíritos em evolução contínua, que mantemos um perispírito também em evolução, que nossa mente permanece junto ao perispírito e que em cada oportunidade de vida, podemos evoluir em conceitos, valores, crenças, hábitos e costumes, além de interiorizar uma gama de virtudes que elevam o ser, diante da vida terrestre e espiritual, mas principalmente em sua trajetória pessoal a caminho de sua própria perfeição, a reencarnação passa a ser um conceito racional, onde cada um pode efetuar sua própria evolução, com mais responsabilidade e dignidade na jornada educativa e, assim, amplia a condição consciencial individual e coletiva de todos os seres vivos pensantes, ainda em estágio de "vivos no corpo físico".

Referências:

1) WAMBACH, Helen - Vida Antes da Vida - Livraria Freitas Bastos - Brasil - 1998.
2) MOODY Jr., Raymond - Vida Depois da Vida - Nórdica - Brasil - 1975.
3) RING, Kenneth e Cooper, Sharon - *Mindsight: Near-Death and Out-of-Body Experiences in the Blind* - iUniverse - USA - 1999.
4) FENWICK, Peter e Fenwick, Elizabeth - *The Art of Dying: A Journey to Elsewhere* - 2008.
5) LONG, Jeffrey e Perry, Paul - Evidências da Vida depois da Morte - Lafonte - Brasil - 2017.
6) LOMMEL, Pin Van - *Consciousness Beyond Life: The Science of the Near-Death Experience* - Harper Collins Publishers, New York, USA, 2007.
7) SEVERINO, Paulo Rossi e equipe AME-SP - A Vida Triunfa - Ed. FE, Brasil - 1992.
8) ALVES, Walter Oliveira - Introdução a Pedagogia Espírita - IDE - 1997.

CAPÍTULO 4
Fisiopatologia e Perispírito

Considerando a existência do perispírito e sua influência no processo vida-morte-reencarnação, identificamos sua correlação com todo o processo de saúde física, mental e emocional.

Sendo a interface entre Espírito (alma) e corpo físico, e estando em constante interação com este, é nele que encontramos o equilíbrio ou desequilíbrio energético que deságua no corpo físico em forma de patologias físicas, psicológicas e mentais.

No perispírito está a modelagem e formação de toda reprodução celular - saudável ou não. É ele o responsável e promotor de toda vitalidade física, psíquica e emocional, bem como das condições de saúde ou doença do corpo físico e da mente.

Rupert Sheldrake[1] (1942), Ph.D., biólogo e autor mais conhecido por sua hipótese de ressonância mórfica, em seu site oficial, informa:

> *"A ressonância mórfica é um processo pelo qual sistemas auto-organizados herdam uma memória de sistemas semelhantes anteriores. Em sua formulação mais geral, a ressonância*

mórfica significa que as chamadas leis da natureza são mais como hábitos. A hipótese da ressonância mórfica também leva a uma interpretação radicalmente nova do armazenamento da memória no cérebro e da herança biológica. A memória não precisa ser armazenada em traços materiais dentro dos cérebros, que se parecem mais com receptores de TV do que com gravadores de vídeo, sintonizando influências do passado. E a herança biológica não precisa ser totalmente codificada nos genes, ou nas modificações epigenéticas dos genes; muito disso depende da ressonância mórfica de membros anteriores da espécie. Assim, cada indivíduo herda uma memória coletiva de membros anteriores da espécie e contribui para a memória coletiva, afetando outros membros da espécie no futuro."

Em sua proposta, Rupert acrescenta um fator extrafísico - ou campos extrafísicos, em todo o processo citológico (estudo das células) e diferenciação celular, para explicar o conjunto de processos que transformam e especializam as células embrionárias após a fecundação.

Se a Ciência está em processo contínuo de estabelecer novos estudos e conceitos em diversas áreas da Biologia, a transformação destes conceitos ainda é lenta. A proposta de Rupert indica uma abertura para novas pesquisas, na qual a forma das células sofre uma influência externa (ressonância mórfica), através de um modelo organizador biológico, que não seria nenhuma das funções biológicas reconhecidas atualmente pela Biologia.

Fritjof Capra (1939), físico americano, nascido na Áustria, teórico de sistemas e ecologia profunda, autor de O Ponto de Mutação[2], escreveu:

> *"A maior mudança na história da medicina ocidental ocorreu com a revolução cartesiana. Antes de Descartes, a maioria dos terapeutas atentava para a interação corpo e alma, e tratava seus pacientes no contexto de seu meio social e espiritual.*
>
> *(...) A Filosofia de Descartes alterou profundamente essa situação. Sua rigorosa divisão entre corpo e mente levou os médicos a se concentrarem na máquina corporal e negligenciarem os aspectos psicológicos, sociais e ambientais da doença.*
>
> *(...) Quando a perspectiva da Ciência biomédica se transferiu do estudo dos órgãos corporais e suas funções para o das células e, finalmente para o das moléculas, o estudo do fenômeno da cura foi progressivamente negligenciado, e os médicos passaram a achar cada vez mais difícil lidar com a interdependência de corpo e mente.*
>
> *(...) A partir das mudanças revolucionarias em nossos conceitos de realidade ocasionadas pela física moderna, uma nova e consistente visão de mundo começa a surgir. Essa visão não é compartilhada por toda a comunidade cientifica, mas está sendo*

> *discutida e elaborada por muitos cientistas eminentes cujo interesse em sua Ciência supera os aspectos de sua pesquisa. Esses cientistas se mostram profundamente interessados nas implicações filosóficas da física moderna, e estão tentando, com espírito aberto, melhorar sua compreensão da natureza da realidade.*
>
> *(...) O universo deixa de ser visto como uma máquina composta de uma infinidade de objetos, para ser descrito como um todo dinâmico, indivisível, cujas partes estão essencialmente inter-relacionadas e só podem ser entendidas como modelos de um aspecto cósmico.*
>
> *(...) Enquanto as variáveis "ocultas" na física clássica são mecanismos locais, na física quântica elas são não-locais, são conexões instantâneas com o universo como um todo."*

Capra nos suscita uma olhada mais abrangente sobre nossa percepção e visão de mundo - para além dos conceitos reinantes nas diversas áreas da Ciência.

A partir da Física Moderna, nos faz entender que a concepção mecanicista cartesiana, implementada em passado remoto, deve ser ampliada, pois que a Física e a Biologia podem estar conectadas de maneira que ainda não compreendamos, e somente abrindo-nos a novos horizontes possamos entender coisas que vão além dos nossos estreitos conceitos e percepções - e muito além do que a Ciência atual nos dita como correto.

A fisiopatologia estuda o modo como o organismo funciona e reage ao ser acometido por determinada patologia. Ela analisa os distúrbios funcionais do corpo humano, a natureza das alterações morfológicas e como influenciam o funcionamento normal dos órgãos e a totalidade do corpo físico, a evolução da doença e/ou a decadência das funções orgânicas, além de determinar as características clínicas, o curso, e o prognóstico da doença. Essas relações são avaliadas do ponto de vista local, sem interações com qualquer outra área que não esteja presente no próprio corpo.

Entretanto, falar de fisiopatologia dentro de um conceito de vida-morte-reencarnação, traz um questionamento sobre o papel do perispírito no processo de doença e cura, e como esse processo é transmitido de uma encarnação para outra, possibilitando a ressonância mórfica proposta por Rupert, e alinhada com a visão de não-localidade da Física Moderna.

Na obra Ícaro Redimido[3], lançado em 2004 e de autoria do Espírito Adamastor, psicografado pelo professor e doutor homeopata Gilson Freire (1953), Adamastor explica a constante interação entre o perispírito e o corpo físico, através de forças hipodinâmicas e hiperdinâmicas:

> *Hipodinâmicas: ocorrem no perispírito antes do nascimento - em fase de nova encarnação, e também na fase de envelhecimento do corpo físico.*

> *Hiperdinâmicas:* causam a expansão do perispírito paralelamente ao processo de crescimento do corpo f ísico, após o nascimento, bem como no processo de desencarne (morte do corpo físico e a liberação do perispírito daquele corpo) e seu retorno ao plano espiritual.

Durante o período encarnatório, o perispírito mantém constante interação célula a célula - célula perispiritual e célula física, possibilitando que enfermidades no corpo físico sejam manifestações de uma fisiopatologia que envolve a fisiopatologia do perispírito.

Enfermidades físicas, mentais ou emocionais podem ter suas origens nos desequilíbrios e comprometimentos do Espírito, impressas em seu perispírito, e manifestadas em uma mesma encarnação ou em reencarnações futuras.

Compreender o papel do perispírito em todos os processos de saúde e doença que envolvem uma encarnação, nos traz novas percepções sobre a consciência do Espírito em sua trajetória evolutiva. Ampliando sua consciência em cada encarnação, o Espírito amplia também sua capacidade de pensar, decidir e agir, em seu próprio bem, imprimindo saúde (ou doença) em sua fisiologia perispirítica.

Neste constante processo de encarne-desencarne-encarne, o Espírito, através de seu perispírito, tem a possibilidade de gradativamente diminuir (ou agravar) os desequilíbrios gravados no perispírito, e de igual maneira, eliminando (ou ampliando) as possibilidades de enfermidades de toda natureza.

A possibilidade de todos os seres humanos atingirem a perfeição - ou plenitude espiritual, está presente em diversas visões religiosas. Ao atingir este estado de plenitude, o Espírito não teria necessidade de novas reencarnações físicas. Desta forma, o Espírito estaria livre, para continuar sua jornada em outras esferas mais elevadas, quando seu perispírito esteja mais livre de agravamentos causados na atual encarnação ou em encarnações passadas, e assim mais purificado e menos suscetível a doenças manifestadas no corpo físico.

Viver entre impulsos antagônicos da alma e do corpo físico, faz parte de qualquer existência humana encarnada no planeta Terra. Ter a crença em um perispírito (corpo intermediário) que permeia o corpo físico e alma (Espírito) talvez nos impulsione a entender o processo natural da vida física, respeitando seus limites, e qual o papel da doença em cada existência.

De igual maneira, devemos entender o papel da mente, das emoções e das ações, nas impressões que ficam gravadas no perispírito, entendendo que cada parte deste todo chamado corpo-Espírito-perispírito contribui na manutenção da saúde física de uma encarnação, ou agravamentos dos desequilíbrios manifestos através de doenças do corpo físico atual.

Pensar na existência deste corpo intermediário - o PERISPÍRITO, e toda a responsabilidade diante da vida física, pode trazer medo àquele que prefere responsabilizar "a vida" por seus infortúnios e enfermidades, mas, com certeza, traz alento àqueles que pensam na vida física como apenas uma etapa no processo evolutivo; e, que pela reencarnação, qualquer um pode melhorar-se e livrar-se das dores que traz impressa. A limpeza do perispírito, através das doenças, representa também a purificação do Espirito.

Referências:

1) SHELDRAKE, Ruppert, Ressonância Mórfica (*Morphic Resonance*) - England - 1981 .(http://www.sheldrake.org/research/morphic-resonance)
2) CAPRA, Fritjof - O Ponto de Mutação - Cultrix - Brasil - 1982.
3) FREIRE, Gilson - Icaro Redimido - INEDE Ícaro Redimido (1) autoria do Espírito Adamastor, psicografado por Gilson Freire - Brasil - 2004.

CAPÍTULO 5

Problemas da atualidade

"Estamos no início de grandes transformações, e fenômenos próprios demonstram chegados os tempos anunciados nas Escrituras e confirmados pelos imortais.

Tragédias de todo o tipo sacodem o mundo físico, agora atormentado pela pandemia COVID-19, demonstrando a fragilidade do ser humano no pedestal de suas ilusões ante o vírus devastador e fatal, ao mesmo tempo facultando a necessidade do amor e da solidariedade entre as criaturas para sobrevivência ao caos."

No Rumo do Mundo de Regeneração [1]
Manoel Philomeno de Miranda
Psicografia de Divaldo Franco
27 de novembro de 2020

No final de 2019, um novo vírus de alta transmissibilidade e letalidade humana, passou a fazer parte do cotidiano, alterando drasticamente a forma de viver de todos os seres humanos. Instalou-se abruptamente uma nova maneira de enfrentar a vida, de trabalhar, de relacionar-se e de criar uma nova "normalidade" na dinâmica do mundo.

O alto número de mortes diárias causou comoção e medo, e ainda aturdidos com a perda das condições de vida estabelecida, discutíamos quando voltaríamos a viver a antiga realidade. A pandemia acentuou as desigualdades sociais, culturais, políticas, mentais e emocionais. Além das inúmeras perdas de vidas humanas, se evidenciou a total desestrutura política e social na maioria dos países.

A falta de recursos básicos, de informação, educação, saneamento, acesso ao sistema médico-hospitalar, programas de produção e vacinação em massa, filosofias e políticas distorcidas, falta de prevenção e conscientização coletiva, transformaram um grande problema em um mal ainda maior - o egoísmo individual afetando o coletivo humano.

A adoção das regras de controle da pandemia, propostas pela Ciência, foram aceitas por muitos e rejeitadas por outros tantos, ampliando-se as discussões ideológicas e religiosas. A morte em grandes proporções possibilitou a busca acelerada por novas vacinas e a comunidade cientifica nos deu uma resposta rápida, sem precedentes na história.

Em diversos países, novas vacinas surgiram com diferentes e inovadoras tecnologias, desde sua concepção à sua fabricação. Um grande salto do conhecimento humano - e desenvolvimento da Ciência, a caminho do bem coletivo, se fez em poucos meses.

Se por um lado a pandemia trouxe um grande avanço na

forma de enfrentarmos uma calamidade global na área da saúde, a informação e as mentiras (notícias falsas) correram a passos mais largos, transformando-se o grande destaque na mídia internacional.

Desde sua eclosão em um país, até a disseminação e aceitação como pandemia, passaram apenas três meses (dezembro 2019 - fevereiro 2020), e desde então quase todos passaram a viver como se não existissem outros problemas sociais. A preocupação era imediata com o controle e disseminação do vírus e, principalmente, com o número crescente de mortes pelo vírus, que acentuava nosso medo, a tristeza, a insatisfação e a incerteza para um futuro próximo.

Desejávamos ardentemente uma solução imediata e no afã de que logo sairíamos daquele momento agudo pelo qual passava a humanidade. Casos patológicos de depressão foram se instalando a cada dia e tornando-se um crescente também sem precedentes.

Se em períodos ditos normais, a depressão e a falta de esperança com a vida, ampliam os números de suicídios, imaginemos uma confrontação direta com a realidade da morte a nível global.

Em 2014, a Organização Mundial da Saúde (OMS) publicou um estudo inédito em seus 50 anos de história, demonstrando que o suicídio se tornou uma “epidemia” de proporções globais, que mata mais de 800 mil pessoas por ano, ou seja, uma pessoa a cada 40 segundos, e 75% dos casos são registrados em países emergentes e pobres. Os mesmos estudos nos mostram um aumento nas taxas de suicídios entre jovens de 10 a 15 anos.

Após quase dois anos de pandemia, ainda não sabemos os dados oficiais em número de casos de suicídios, durante o período pandêmico. Podemos avaliar que a despreocupação de muitos e a negação à necessidade dos cuidados e distanciamentos sociais, nos mostra um caráter de pouco valor à vida - e à vida de outros, quiçá propiciando contaminações e mortes; se fazendo parecer de maneira "involuntária".

O Dr. Bernie Siegel, citado em capítulo anterior, em seu livro A Arte da Cura (*The Art Of Healing*)[2], nos diz:

> *"Eu me tornei um médico porque eu gosto de pessoas e eu queria ajudá-las a ficar bem quando estavam doentes. Mas depois de anos de prática como cirurgião pediátrico e geral, e realizando várias operações, senti-me oprimido com a percepção de que não conseguia consertar ou curar todos os meus pacientes. Eu estava com muita dor, com ninguém para falar sobre isso. Eu também estava com raiva de que minha educação como médico não tinha me preparado para lidar com a vida das pessoas; só me ensinaram sobre a mecânica da medicina e da cirurgia. Até escrevi aos reitores da faculdade de medicina que eu assisti dizendo: vocês me fizeram um técnico maravilhoso,*

> *mas vocês não me ensinaram a cuidar de mim ou dos meus pacientes.*
>
> *(...) Muitos outros estudos têm revelado, que os cirurgiões têm uma maior taxa de depressão, esgotamento e ideação suicida do que a população em geral, e que quando um erro cirúrgico é feito, ou a cirurgia não é bem-sucedida na cura do paciente, o cirurgião sofre ainda mais. Eles também são os menos prováveis em procurar aconselhamento ou ajuda psicológica, se comparando com outras profissões de alto estresse (como policiais, assistentes sociais, professores e enfermeiros)."*

Poderíamos citar inúmeros estudos, pesquisas e artigos realizados no decorrer de muitos anos mas o mais importante a ressaltar, é que independente da formação ou classe social, a ideia e a busca pelo suicídio, é uma realidade em todos os países, independentemente de crença ou fé religiosa.

Não é possível observar diretamente o impacto da visão materialista nestes números específicos, até porque determinados estudos e artigos, são para quantificar o número de suicídios, sendo impossível avaliar o grau de religiosidade desta população ou o quanto qualquer crença e fé poderiam ter ajudado a evitar tal ato.

Em 2009, Edward J. Larson e Larry Witham publicaram um artigo na revista cientifica *Nature,* intitulado *Leading Scientists Still Reject God*(3), que tomou por base uma pesquisa realizada com 1088 membros da *National Academy of Sciences*, na qual verificou-se que 93% dos membros não acreditavam em Deus. Embora isso possa indicar, em um primeiro momento, a predominância clara de ateus nesta academia científica, algumas análises posteriores indicaram que a negação se deveu as perguntas que indicavam uma visão de um Deus personalista, e que interviria ativa e efetivamente na vida das pessoas. Outros estudos indicam que mais de 51% dos cientistas acreditam em algum poder superior ou divino.

Outros sugerem que a questão que Deus estaria fora do âmbito científico, uma vez que Deus estaria fora da Natureza, entendendo que Deus é um assunto da Filosofia, ao estudar os problemas fundamentais relacionados à existência, ao conhecimento, à verdade, aos valores morais, à mente e à linguagem.

Ao abordar esses problemas, a Filosofia se distingue da Religião por sua ênfase em argumentos racionais. Por outro lado, diferencia-se das pesquisas científicas por geralmente não recorrer a procedimentos empíricos em suas investigações.

A medida em que se aprofunda a questão religiosa, verificamos a existência de ideias criacionistas de algumas vertentes religiosas, que negam a visão cientifica da evolução, ao colocar a gênese planetária em concordância literal com os escritos bíblicos e, assim, definem a criação do mundo ao redor de 6.000 anos atrás. Tal ideia seria a negação das descobertas da arqueologia e dos novos modelos apresentados pela Ciência.

Na atualidade, um cientista que tenha uma crença religiosa deve manifestá-la no âmbito de sua religião, sem a possibilidade de manifestá-la na prática científica. Por outro lado, os religiosos que já vislumbram a realidade dos avanços científicos, também se veem impossibilitados de manifestar-se cientificamente, pois que algo pode ser considerado contrário aos dogmas e conceitos de sua crença religiosa.

Dentro deste cenário de problemas da atualidade, vemos grupos, e até grande parte da sociedade, encontrando na corrupção (nas mais diferentes expressões) um modo de vida, trazendo-nos a ideia de que aquele que o faz é mais inteligente - ou "vivo", e encontra-se acima de qualquer justiça dos homens. A cada dia, novos casos de corrupção de políticos e gestores públicos seguem sendo descobertos, identificando àqueles que decidiram por benefícios pessoais em relação ao bem daqueles a quem deveriam proteger.

A ideia de impunidade traz uma falsa sensação de caos infinito, e percebemos a fragilidade dos modelos de gestão atuais devido à falta de uma visão expandida da realidade humana.

Diariamente a mídia nos relata casos tristes e dramáticos, dando-nos uma percepção de que, apesar do avanço da humanidade nas diferentes áreas do conhecimento tudo está piorando, mas também são estes mesmos fatores que nos promovem maiores discussões e questionamentos dos valores da sociedade atual.

Já se discute com maior frequência e naturalidade, temas como racismo, homossexualidade, machismo, direitos iguais, opções religiosas e fanatismos, mudanças climáticas, consciência ecológica, entre outros. Entretanto, muitas das vezes ainda são analisados de forma sectária e parcial e, quase sempre, disfarçados de preconceito. Geralmente se busca a prevalência de um ponto de vista sobre os outros, não se considerando a absoluta igualdade e liberdade entre todos os seres humanos, e menos ainda, a real fraternidade que nos deveria conduzir para a real manutenção do planeta, e suas futuras gerações.

Ao considerar a hipótese da imortalidade, com múltiplas encarnações, o ser encarnado estaria representando apenas uma etapa transitória de sua real jornada evolutiva, saindo de um estado de total ignorância a um estado de perfeição da alma.

Se tal visão e entendimento fossem mais aceitos como uma realidade atemporal, a humanidade compreenderia a inutilidade de valores, conceitos e preconceitos que fazem muitos seres humanos se sentirem superiores a outros, e poria fim a supremacia das condições de uma pessoa em relação à outra; seja através de sua etnia, cor, credo, religião, posição social, sistemas de governo, e área geográfica.

Entender os problemas da atualidade, é entender onde estamos, como chegamos até o momento presente, e tudo que temos de positivo e negativo nesta evolução.

Entendendo nosso passado, vemos a evolução percorrida, vemos os erros e também os acertos que fizemos em muitas decisões.

Encarar nossa realidade de seres em evolução, em sequente processo de vida-morte-reencarnação e burilamento da alma e do perispírito, nos faz entender que corpo físico e a alma não podem ser avaliados como duas coisas distintas e isoladas. Além de nos propiciar compreender que cada ser tem uma responsabilidade individual e também uma coletiva, tanto para as suas calamidades pessoais, como as que assolam o mundo, bem como a responsabilidade de trazer ao mundo um bem maior em processo de regeneração da humanidade.

Se desejamos liberdade e igualdade, encaremos cada ser como único, passível de erros e acertos na sua trajetória individual evolutiva, co-partícipe da evolução de seu meio, e em constante processo de reajuste através do nascer-morrer e renascer de novo.

Entendendo cada individualidade como mais além que um corpo físico. E como um Espírito que transita com seu perispírito em diversas encarnações, deve suscitar-nos maior respeito ao livre-arbítrio individual, pois diante de cada vida, cada Filosofia, cada crença, cada fé, cada escolha e cada ato, reside um ser que também está em sua própria evolução.

Se eliminar diferenças políticas, sociais, religiosas e filosóficas é algo impossível de fazê-lo nesta etapa evolutiva do planeta, não se faz impossível começarmos em nós mesmos a nossa própria regeneração, começando por autoconhecer-nos, detectando nossos vícios e preconceitos, e principalmente, eliminando de nossa maneira de ser, o que criamos no decorrer de nossas existências como algo fixo e imutável - a crença nas diferenças existentes entre os seres humanos.

Somente uma melhoria individual, somando-se a tantas outras melhorias pessoais, pode propiciar uma transformação coletiva, descortinando então a solidariedade humana - aquela que promove o verdadeiro bem social a todos, indistintamente, e torna todos os seres humanos mais dignos, e FRATERNOS.

Referências:

1) FRANCO, Divaldo - Rumo ao Mundo de Regeneração, pelo Espírito Manoel Philomeno de Miranda - LEAL - Brasil - 2020.
2) SIEGEL, Bernie S. - *The Art of Healing: Uncovering your Inner Wisdom and Potential for Self-Healing* - New World Library - California - USA - 2013.
3) LARSON, Edward J. and WITHAM, Larry - *Paper: Leading Scientists Still Reject God* - Nature - USA - 2009. (http://www.nature.com/jounal/v394/n6691/full/394313a0.html)

Capítulo 6
Aspecto Filosófico

Espiritualistas afirmam que estamos vivendo um momento de transição planetária e que, apesar de tantas contradições sociais, políticas, geológicas e, principalmente, consciencias, o planeta está em um caminho evolutivo para todos os seres humanos.

Diferentes situações ocorrem em todos os âmbitos sociais para que valores predominantes por séculos, sejam confrontados e transformados, e assim se atingir elevado grau de fraternidade entre todos os habitantes do planeta Terra, tanto entre encarnados como desencarnados que orbitam o planeta.

Compatível com a ideia de transição planetária, as guerras, os conflitos e qualquer posicionamento radical, não deverá coexistir com a fraternidade bem compreendida e sentida. Com a reencarnação de Espíritos mais elevados em consciência e amor, que alcançaram sua própria regeneração, coabitando o mesmo espaço, inevitável será a transformação do mundo onde habitam.

Se há algum tempo, esta nova era vem sendo anunciada por diversas correntes espiritualistas, então qualquer escolha para o bem de todos, também está diante de nós. Podemos atuar contra a evolução e regeneração de um mundo melhor, ou ser um agente ativo na evolução de nossa própria história e, consequentemente, no progresso planetário.

Nos capítulos anteriores, vimos como nossa maneira de ser - de pensar e atuar, afeta diretamente nossa condição emocional e física, e que cada encarnação é apenas uma etapa no processo educacional do Espírito.

Entendemos melhor os mecanismos do perispírito e sua direta relação com o exercício do livre arbítrio. Como criamos mecanismos de causa e efeito de saúde e enfermidade para nós mesmos, tanto em uma encarnação como na sequência das múltiplas existências para o Espírito, até que se regenere e amplie sua consciência ao caminho da perfeição relativa de cada mundo em que vive.

Todo pensamento radical acarreta consequências funestas ao desenvolvimento do coletivo, dificulta o desenvolvimento filosófico para a solução dos problemas, interferindo e dificultando o exercício saudável da política e das religiões.

Durante esta jornada aqui escrita, citei trabalhos e propostas de muitos pesquisadores que são desbravadores de uma nova visão de mundo - uma visão mais holística, inclusiva, não-localizada, que abre espaço para a espiritualidade. Achei importante falar de seus títulos e formação, a fim de que entendêssemos onde estas mentes questionadoras estavam inseridas, e o quanto seus estudos caminham em paralelo, mas alinhados, aos conceitos da Física Moderna.

Entretanto, uma nova visão de mundo não deve ser motivo de questionamento e pesquisa apenas de cientistas. Ela deve partir primeiramente de nós, pois cada um deve ser fruto de si mesmo. Cada um dá para vida, aquilo que pensou, sentiu e realizou. Somos fruto de nossa individualidade e do todo coletivo. Tudo o que vivemos, está, e sempre estará relacionado as nossas crenças, valores, pensamentos, escolhas e atos. Enfim, da Filosofia de vida que cada um escolher viver sua própria existência humana.

Neste final de livro, quero compartilhar duas situações reais, que fizeram parte de minha vida e que, sem dúvida, me ajudaram a ser uma pessoa melhor.

Durante cerca de dois anos trabalhei como voluntário em uma empresa dedicada ao cuidado de pacientes com tratamento paliativo em estado terminal. Minha tarefa era somente dedicar algum tempo aos pacientes, fosse para conversar, ouvir suas histórias, ou simplesmente estar presente no silencio daqueles momentos. Embora o objetivo não fosse utilizar aquele tempo ou momento para debater, ou promover visões religiosas, para mim foi importante constatar como muitos chegam ao final de suas existências sem uma filosofia de vida que lhes ajude na transição de vida e morte do corpo físico.

Certo dia, um paciente em fase terminal, em plenitude de

sua consciência mas totalmente dependente dos cuidados de terceiros, me compartilhou suas emoções e a grande dor que havia em sua consciência.

Grande parte de sua existência, ele havia estado preso por perseguições políticas em seu país de origem, e agora - como ironia de um desconhecido destino, jazia preso a uma enfermidade, sem nunca perder sua consciência de bem e mal, de certo e errado.

Naquele momento em que conversávamos, apesar de todos os sofrimentos vividos em toda sua vida, sua revolta não era com sua própria incapacidade, mas sim que o ditador e líder máximo de seu país, havia morrido sem que tivesse sido responsabilizado por todos seus crimes.

Ele lamentava a atitude de impunidade com que todos haviam permitido que tal fato acontecesse, e que não se havia feito justiça em nome de todos que sofreram abaixo seu ditame.

Não detalhando minhas crenças, manifestei que dentro de meu entendimento, nada escapava aos "mecanismos de ação e reação das leis divinas", e que por serem mais amplas e justas, manifestam-se mesmo quando a justiça humana não atua; que a aparente impunidade seria apenas uma visão incompleta da visão limitada de vida que percebemos.

Ele me disse que não acreditava em vida depois da morte, mas que se fosse real, seria uma visão "consoladora".

Continuei dizendo que também não poderia garantir que minha ideia estivesse correta, mas que tal pensamento me trazia alento em momentos que eu não encontrava explicações para a insanidade e injustiça humana, e me fazia sentir melhor diante da vida e da morte.

Não posso garantir que nossa última conversa o tenha ajudado em seu desencarne, que ocorreu alguns dias depois, mas posso garantir que fortaleceu minhas convicções na verdadeira vida do Espírito. Me alentou, ao vê-lo partir, e saber que talvez minha visão de vida possa ter servido de consolo para aquele coração tão oprimido e sua mente tão cansada de lutar, tanto física como emocionalmente.

A convicção que a justiça divina deve ser mais ampla que minha estreita percepção, de um todo que desconheço, me faz acreditar que onde quer que esteja aquela nobre alma, deve haver recebido carinho, compreensão, melhores informações e consolo, em seus desejos por justiça.

Em meu coração, e em minha mente, ficou a experiência vivida com aquele ser, e a eterna gratidão por saber que minha crença, fé e filosofia de vida serviram de bálsamo em uma última conversa.

Aceitando e acreditando, na possibilidade da reencarnação, compartilho outro exemplo de uma grande transformação individual. Trata-se da trajetória de uma mãe e suas expectativas sobre seu filho nascido com deficiências múltiplas - Alexandre.

Conheci Lúcia em um grupo de pais e mães, de um estudo experimental de inclusão de crianças com incapacidades físicas, ou diferenciadas em seu comportamento emocional e cognitivo. Alexandre, na época, tinha 8 anos.

Estava neste encontro porque nosso filho Pedro, apesar de sua doença, apresentava um comportamento consciencial acima de sua faixa etária, ao mesmo tempo que uma hiperatividade física, incompatíveis às suas condições de saúde. Lúcia estava lá porque Alexandre, com apenas alguns meses de diferença da idade de Pedro, apresentava deficiências múltiplas aliadas a um severo quadro de espectro autista. Desde o início uma profunda afinidade e respeito se estabeleceu entre nós.

Conhecíamos as histórias um dos outros, e soubemos que Alexandre necessitou de excessivos cuidados especiais por parte de Lúcia. Ela, além de suas três outras filhas pequenas, havia sofrido abandono por parte do cônjuge, ao saber dos problemas de Alexandre, ainda na gestação. Muito além do contexto social e dificuldades familiares, Lúcia carecia de básicos recursos financeiros para sustentar seus filhos. E entre tantas outras carências que poderiam trazer revolta e sentimentos de incapacidade, nada foi capaz de retirar o sorriso frequente de Lúcia.

Sua luta diária data de quase 30 anos de vida de

Alexandre, e acredito que um dos "motores propulsores" para que ela continuasse sua luta, com garra e resiliência, se deu em uma de nossas longas conversas sobre nossos filhos. Ríamos, chorávamos, e nos fortalecíamos contando nossas agruras com os rebentos. Lúcia frequentava certa religião que negava a Ciência, e em uma de nossas conversas ela falou em milagres e que acreditava que seu filho ficaria "normal" para que pudesse estudar e viver como as demais crianças. Minha esposa e eu falamos que não esperávamos milagres, pois que entendíamos a vida de outra maneira.

Ela muito consciente de cada palavra que falávamos, quis saber mais sobre nossa filosofia de encarar a vida. Perguntou-nos muitas coisas sobre vida e morte, sobre fé e esperança, sobre consolo e justiça divina. De ouvinte e com mente questionadora, se tornou uma ávida leitora de livros espíritas. Tais leituras lhe ajudaram a aceitar e entender sua trajetória, e muito além, a olhar seu querido filho como um Espírito imortal, considerando suas dificuldades atuais como transitórias, regidas por leis divinas, que embora desconhecidas para nós, trazem a todos o amor e justiça de Deus.

Aos nossos olhos, em cada encontro, Lúcia parecia crescer, tanto em entendimento e aceitação, como em bondade. Apesar de toda sua luta diária, ainda sobrava amor em seu coração para apoiar a qualquer um que necessitasse de uma ajuda física e emocional.

Ela introjetou o conceito de imortalidade do espírito, de reencarnação, de lei de ação e reação e, principalmente, de justiça e bondade divina. Sua vida passou a ser um relato vivo de transformação e resiliência, se tornando uma verdadeira consoladora e grande promotora social, a todos os demais carentes que estavam e estão à sua volta.

Mesmo com sua grande luta diária, ela educou suas outras filhas com amor e retidão. Tem uma família unida, e ainda tempo e capacidade de ajudar a outros mais necessitados em seu programa de assistência chamado: "*Projeto Comida na Rua Alexandre Marcelino*".

Para conhecer mais sobre esta iniciativa, compartilho o link para a página do Facebook:

https://www.facebook.com/Projeto-Comida-na-Rua-Alexandre-Marcelino-106183125041264/

Com esses dois exemplos citados, e os aprendizados que estas experiências vividas por outros me trazem, chego ao fim desta primeira etapa chamada "aspecto filosófico."

Desejo do mais fundo de minha consciência, haver

conseguido suscitar questionamentos a todo leitor, e promover um consolo através de um modelo filosófico individual, que transcenda para "além das fronteiras do corpo".

Se tomo por base a existência do perispírito - sendo uma fronteira para além do corpo físico, e a consequente continuidade de uma vida maior do que a vida como a conhecemos, é porque encontro lógica e consolo nesta linha de pensamento. Mas tal filosofia de vida não tem a pretensão de criar adeptos ou imputar a ninguém uma visão espiritualista. Apenas desejo que cada um encontre seu consolo e realização em sua busca pessoal e individual.

Quando nascemos, estamos fadados a nos desenvolver e crescer. Para crescer, precisamos enfrentar a única realidade da vida que torna todos os seres humanos iguais - a finitude dela através da morte.

Após o cuidado na infância, por parte de outros, nos depararmos com nossa própria responsabilidade e em como levar nossas vidas no decorrer dos anos. Podemos optar por seguir nossos antecessores e como a sociedade convenciona, mas se faz imprescindível que utilizemos nosso livre-arbítrio para avaliar todas as opções filosóficas que estão diante de nós. Tenhamos coragem para desafiar valores pré-estabelecidos no que concerne a nossa própria existência e busquemos a filosofia com que sintamos afinidade. Uma que nos promova um bem-estar e uma consciência tranquila e principalmente que nos auxilie no caminho chamado vida - morte.

Se, de alguma maneira, estas páginas ajudarem a trazer esperança e consolação a quem sofre alguma enfermidade do corpo ou da alma, ou vivencie perdas de pessoas próximas, o livro já terá alcançado seu propósito, pois meu desejo é que ele seja um bálsamo para aliviar as dores internas que todo o ser humano traz em sua consciência e em suas emoções.

Neste momento me sinto feliz e grato pela oportunidade de escrevê-lo e me despeço com um *até breve*.

Made in the USA
Monee, IL
03 November 2026

67385509R00056